U0088234

不用背公式

就能知道的
趣味

化學
故事

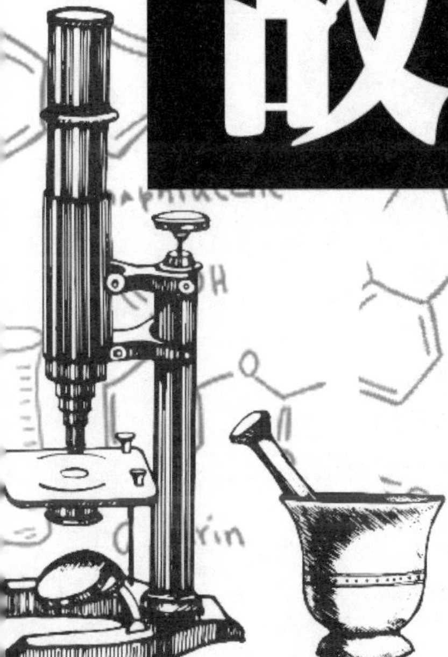

Paracetamol

HO

O

H_2O

OH

Na

aspirin

Phenanthrene

acetamol

永續圖書 線上購物網

讀品文化 事業有限公司

www.foreverbooks.com.tw

yungjiuh@ms45.hinet.net

資優生系列 41

不用背公式就能知道的趣味化學故事

編　　著	張允誠
出 版 者	讀品文化事業有限公司
責任編輯	賴美君
封面設計	林鈺恆
美術編輯	鄭孝儀

總 經 銷	永續圖書有限公司
	TEL ／(02)86473663
	FAX ／(02)86473660
劃撥帳號	18669219
地　　址	22103 新北市汐止區大同路三段 194 號 9 樓之 1
	TEL ／(02)86473663
	FAX ／(02)86473660
出 版 日	2020 年 07 月
法律顧問	方圓法律事務所　涂成樞律師

國家圖書館出版品預行編目資料

不用背公式就能知道的趣味化學故事／
張允誠編著. --初版. --新北市 ： 讀品文化，
民 109.07　面；公分. --（資優生系列：41）

ISBN　978-986-453-123-3 (平裝)

1. 化學　2.通俗作品

340　　　　　　　　　　　　109006383

CONTENTS

1 潛伏在生活中的「魔幻」之手：
生活的故事

2 教室裡的玄機，體育場的祕密：
文體用品與化學

3　瘋狂發明家的冒險之旅：化學家的故事

CONTENTS

4　化學在歷史中的奇幻漂流：歷史與化學

5 可怕的戰爭兵器：軍事化學

CONTENTS

6 比福爾摩斯還聰明的化學偵探：
化學與偵察

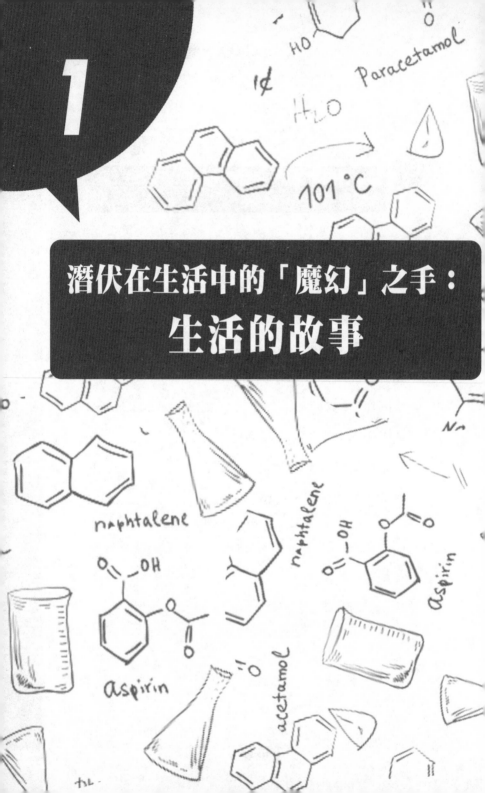

潛伏在生活中的「魔幻」之手：
生活的故事

從 豬身上割下來的「肥皂」

從前農村每到過年殺豬時，人們把豬胰搗了又搗，製成「胰子」洗手洗臉用。所謂「胰子」就是我們現在所說的肥皂。

古埃及有個莊園主，他請了一個廚師。由於吃飯的人多，做飯的人少，小廚師天天忙得不可開交，臉都沒時間仔細洗，卡著一層黑黑的垢。小廚師為了早上多睡會，每天忙到半夜把第二天的材料給準備出來。

有一天，小廚師實在太睏了，一覺睡到了8點，小廚師急急忙忙起來做飯。但一不小心，把灶下的一盆煉好的羊油踢翻了，全部澆在炭灰裡。

小廚師怕被主人責罵，連忙用手將混有羊油的炭灰一把一把地捧了出去，以免被人發現。

他捧完炭灰洗手時，忽然發現手上竟然出現了一些

白糊糊的東西,而且手洗得特別乾淨,甚至連以前很難洗掉的污垢都不見了。

小廚師沒有多想就趕緊去做飯了。當他做完飯後又用那種白糊糊的東西把手洗了一遍,變得更白了,接著他又洗了洗臉,的確能變白。

小廚師把他的發現告訴了莊園主,莊園主半信半疑地試了試。「嗯,不錯,的確能讓臉又白又光。」莊園主驚訝地說道。

不久,小廚師的這種「小團團」被更多的人知道了,一傳十,十傳百,全國上下都開始使用了。

原來,小廚師的「小團團」就是「胰子」,也就是我們說的肥皂。

肥皂是由易溶於油的親油基(也叫流水基)和易溶於水的親水基所組成。這兩個基團分別溶於油和水中,降低了油水的介面張力,進而把油水本不能互溶的兩種物質連接起來不使其分離,被肥皂乳化後的油以微小的粒子分散於水中而不分層。

肥皂的這種性質,能顯著降低介面張力,這種化合物統稱為表面活性劑。由於肥皂和其他表面活性劑有這種性質,因此產生潤濕、滲透、乳化、分散、起泡和去汙等作用。

肥皂的化學成分是硬脂酸鈉,它能和硬水中的碳酸

氫鈣反應，生成白色的沉澱物——硬脂酸鈣。所以用硬水洗衣服，會浪費肥皂，而自然水如：海水、河水、湖水、井水，總是和石灰石打交道，大多數是硬水。

在家裡最便利的軟化硬水的方法，是把水煮一下，去掉碳酸氫鈣。

 化學 ❶＋❶

為何肥皂會起泡泡

為什麼肥皂會起泡？肥皂的種類很多，有許多不同的效用。有的殺菌好，有的香味好，為什麼肥皂會起泡？你知道原因嗎？

這是因為肥皂裡會有大量的表面活性劑。這種表面活性劑，一端具有親水的性質（親水基），另一端則不溶於水，具有與水相斥的性質（疏水基）。表面活性劑是一種具有兩種互相矛盾的物質統一在一起的化學性質。當表面活性劑和水混合時，親水性的一端會溶於水中，疏水基的一端則會脫離水，聚集在水面。在水面的表面活性劑，疏水基會離開水面，進入空氣中，親水基溶於水，並排在水面上。當你在攪動水時，會將空氣攪入水中，此時疏水基會包住空氣，成為泡泡。

藥煎得好，選鍋最重要

慧君的媽媽生病了，醫生給開了很多草藥，醫生再三叮囑媽媽，熬藥時不要用金屬鍋，要用瓦罐。

因家裡沒有瓦罐，農村有種風俗：藥罐子是不能借的。於是，媽媽就用鐵鍋熬了，覺得這也沒什麼區別。可是當媽媽掀開鍋蓋的時候傻眼了，只見草藥變成了黑糊糊的渣子，水乾了。

原來鐵和草藥發生了化學反應，所以草藥變黑了。其次，鐵鍋傳熱快，水很快就會沸騰，所以不久水就變成水氣「逃」走了。

事實上，草藥中一般含有鞣酸。鞣酸遇金屬時，發生化學反應，生成不溶於水的鞣酸鹽。由於中藥中的鞣酸受到破壞，進而影響藥效。這也是人們在煎中藥時，

一般都不用鋼、鐵、鋁等金屬器皿，而是用沙鍋或瓷鍋的原因。

選鍋煎藥「三不要」

我們在選鍋煎藥時，最好不要使用鋁鍋和鐵鍋。這是因為鋁和鐵屬於活潑元素，容易與中藥裡的成分發生反應，進而降低藥效。

如使用鐵鍋，會與中藥中普遍存在的鞣質反應生成鞣酸鐵，與黃酮類成分反應生成難溶性化合物，與有機酸反應生成鹽類物質等，進而影響中藥湯劑的品質和療效。

又如鋁鍋特別是新的鋁鍋，表面還沒有形成化學性質較穩定的氧化鋁層，鋁原子易進入到藥液中去，人體長期過多地吸入鋁，有可能導致老年癡呆症。

另外，少數人家可能備有銅鍋，也不宜煎藥。銅製器具，古人歷來不主張用來煎藥，因為銅會導致人體中毒。

 爐裡的「明珠」

支商船載著大量的黃金航行時，突然遇到了暴風雨，來勢非常的兇猛，以至於無法繼續航行，所以，這支商船就駛進一個港灣避風。等到暴風雨停了再起航。

然而一直到了傍晚時分，暴風還沒有停止，於是船上的人準備上岸過夜，並且他們想在海灘上舉行野餐。

可是，問題來了，這四周連一塊架鍋的石頭都沒有，怎麼進行夜餐呢！頓時間，他們感到非常的沮喪。正在不知如何是好時，突然聽到船員出了個主意，大家一致認為這個主意很不錯。於是，大家七手八腳地從船上搬來了幾塊大的蘇打塊當做架鍋的石頭，他們把鍋架好後，便找來一些柴火燒起來，準備舉行晚餐。

當收拾餐具準備上船時，出主意的年輕船員忽然大

叫起來：「大家快來看看，這是什麼東西呀！」

聽到了大喊聲，船員們趕緊的圍上來，只見鍋下的爐灰中，有一種閃閃發光的東西，晶瑩剔透像明珠一樣，非常的漂亮，「這有什麼好奇怪的，帶亮光的石頭而已」大家都譏笑他。但其中一位商人覺得這肯定不尋常，於是便悄悄地拿了幾塊帶了回去。

經過研究摸索，商人製成了各式各樣的珠子，出乎意料的是，這很受人們的喜愛。後來，人們知道了其中的奧祕，就將它製成了玻璃。

玻璃的「天敵」

有一學校舉辦參觀玻璃廠，由於第一次來，同學們都覺得好玩，向廠裡的工人問東問西。這時，一位同學看見一堆玻璃，上面有美麗的花紋和圖案，這位同學隨口問道：「這是用玻璃刀刻的嗎？」

帶他們參觀的工人笑著說：「當然不是，玻璃刀在玻璃上一劃就能把玻璃劃斷，根本無法刻出圖案，這是用一種叫氫氟酸的物質刻的。」

原來，氫氟酸的腐蝕性較強，能輕而易舉地「吃」掉玻璃，是玻璃的「天敵」。於是，人們利用氫氟酸這

一些特性，在玻璃上刻花紋圖案。氫氟酸塗得多，玻璃就啃得深，塗得少，就啃得淺，這樣，玻璃器皿上就出現人們想要的花紋和圖案了。

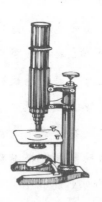

子裡裝著燈的「螢火蟲」

「銀燭秋光冷畫屏，輕羅小扇撲流螢。天階夜色涼如水，臥看牽牛織女星。」讀著杜牧《秋夕》的千古佳句，使我們想起在鄉間納涼時，那些池邊、稻田、草叢裡的「飛燈」──螢火蟲。螢火蟲為什麼會發出光亮，而且是一閃一閃地發光呢？

古時候，有個書生家裡窮，沒有錢點燈，於是他就抓了好多螢火蟲，把牠們放在一起，借著微弱的燈光看書。

夏天的夜晚，生在農村的人會看見棉花地裡一閃一閃的，那便是螢火蟲發出的光。那麼，螢火蟲為什麼會發光呢？

原來螢火蟲體內含有一種很不尋常的化合物，被稱為「螢光素」。在通常情況下，它獨立存在著；不過，

在螢火蟲體內還存在著一種被稱作「螢光素酶」的物質，使得螢光素很容易與三磷酸腺苷（ATP）的一個分子產生作用。ATP這種物質存在於所有生命細胞中，從細菌細胞到人類細胞無一例外。

事實上，ATP是一種「高能」化合物，它在細胞中的功能是給需要能量的地方傳輸一些能量。當ATP給螢光素分子傳輸一些能量後，這一分子就變為一個略有不同的分子，叫「氧化螢光素」。以這種方式接收了能量的氧化螢光素是很不穩定的，它有極強的傾向要釋放額外的能量，而幾乎會立刻復原為更為穩定的、能量更低的螢光素。

神奇的「光細胞」

很久以來科學家就知道在螢火蟲的腹部裝著一個燈籠，它是由一種特殊的細胞——光細胞組成。

光細胞裡面充滿了一種叫做螢光素的蛋白，當這種蛋白被一種叫螢光素酶的物質啟動以後，螢光素就會和氧反應而發光。

一種叫章魚胺的神經信號控制了閃光形式，它使每個種類之間的發光互相有所區別。但是信號是怎樣傳導

的一直還不清楚，因為神經末梢並不直接接觸光細胞。科學家認為可能氧化氮參與了這一過程，因為已經知道氧化氮在許多信號過程中發揮作用。

　　為了證明這一假設，科學家進行了實驗：把螢火蟲放入一個空盒子裡，在盒子裡注入氧氣和一氧化氮。當科學家增加空盒子裡的氧化氮的時候，他們發現，螢火蟲的腹部開始閃爍並持續發亮；當停止一氧化氮供應的時候，螢火蟲的「燈籠」會滅掉。

　　而螢火蟲用於製造一氧化氮的酵素就坐落在會發光的光細胞旁。

麼摔也摔不碎的玻璃瓶

在坐長途汽車時，年輕人都喜歡坐在靠車窗的座位上，而一些老人卻總擔心的說：「坐在窗子邊有什麼好，假如玻璃破了，不把臉劃破才怪呢！」

「不會破的，即使破了也不會傷人。」年輕人解釋說。

「什麼？玻璃破了不會傷人？有一次我孫子不小心打破了玻璃，刮得手鮮血直流。」

「汽車上的玻璃不同，是打不破的防爆玻璃。」

「怎麼，還有打不破的防爆玻璃？」

是的，是有這種打不破的防爆玻璃。

1904年夏天的一個夜晚，法國化學家貝奈第特斯像往常一樣，做完一個實驗後，就整理一下藥品架，誰知一不小心，「啪」的一聲，一瓶藥瓶掉到地上。他連忙

俯下身子去撿，奇怪的是，藥瓶一點也沒有破，只是上面有一些裂紋。

這引起了貝奈第特斯的關注：「那個瓶子難道是什麼特殊的材料做成的？為什麼沒有摔碎？用它來做車窗玻璃該多好啊！」

於是，貝奈第特斯拿著那個小瓶子在燈光下，像看什麼「古董」似的顛來倒去地觀察，可還是沒有看出什麼名堂來。他百思不解，又找來其他的小瓶子進行比較、觀察和試驗，終於找到了原因。

原來，這個小瓶子裡曾經裝過硝化纖維的乙醚溶液，時間長了，乙醚蒸發後留下的硝化纖維形成一層膠膜，這層薄膜像一層皮一樣，牢牢地黏合在小瓶子的內壁上，所以藥瓶玻璃碎片被這層皮拉住了。

這個發現給貝奈第特斯帶來啟示：一塊玻璃有這麼堅固的力量，那麼兩塊合在一起呢？於是，他將兩塊玻璃中間塗上一層硝化纖維薄膜，後來經過無數次的研究，終於研製出世界上第一塊高效能的防爆玻璃。

玻璃原來不是固體

　　玻璃已經成為人們生活中必備的東西，它表面看上去是固體，實際上它不是固體。

　　科學家們研究後發現，玻璃無法成為固體的原因在於玻璃冷卻時所形成的特殊的原子結構。一些材料在冷卻時會形成結晶，其原子會以高度規則的模式進行排列，稱為「晶格」。不過玻璃在冷卻時，原子擁堵在一起，幾乎隨機排列，妨礙了規則晶格的形成。

　　在實驗中，為了觀察微觀原子的真實運動情況，研究人員利用較大的膠體微粒模擬原子，並用高倍顯微鏡進行觀察。結果發現，這些粒子形成的凝膠因為構成了二十面體結構而無法形成結晶。

　　這種結構，解釋了為什麼玻璃是「玻璃」而不是液體或固體。

「魔鬼垃圾」，你敢撿嗎

平時，我們脖子上戴的項鍊，大家一定不會陌生，知道它是一種裝飾品，但現在有一條鏈子卻能吃人，如果不信看看下面的故事：

東北某省一個化工廠的工人，由於老婆孩子都回老家了，只剩他一個人，所以每天下班後他就推著自行車慢慢溜達回去。

有一天下午，下班後他像往常一樣推著車子往家裡走，突然他看見路邊的垃圾堆裡有一條鏈子，看起來質感覺得還不錯，於是他就撿起來放進褲子口袋裡。

回到家後不久，他覺得腿不能動，於是趕緊撥打了急救電話。最後，把腿截掉才算保住了性命。

後來，人們都傳開了，說他撿了一條吃人的鏈子。但其實，這條鏈子是報廢的銥放射源，這類垃圾一般都有毒，被稱為「魔鬼」垃圾。「魔鬼」垃圾，是各種危

險性極大的垃圾的總稱，對人類和環境的危害很大。這些垃圾一般是一些礦山、工廠和醫院等排出的垃圾。它們可使人慢性中毒或引發癌症，造成急性或慢性死亡。

醫院裡廢棄的針頭、器械、血液、解剖的動物肢體及其他不潔物品，常含有大量的病菌。人如果直接接觸或間接接觸它們，極易受到感染。

有些垃圾有腐蝕性，如硫酸和硝酸等廢棄物，處理不當也可致人損傷或傷殘。

你相信這是用垃圾製造的房子嗎

香港《大公報》報導，這間外表看來與其他房屋無異的「循環再造夢想屋」，原來是用人們丟棄的垃圾建造的。此屋由建築師基特·華納設計和建造，坐落在美國麻塞諸塞州的一個小鎮，是真正利用垃圾站的垃圾和廢料建成的，它是垃圾循環利用再造的一件傑作。

這是所一廳三房兩浴室的房屋，浴室鋪的磚地用壓碎的舊車擋風玻璃窗加混凝土做成；睡房地毯用循環再造汽水膠樽製造；建築材料大部分用燒煤發電廠的廢料加工製成；屋內牆壁利用人們拋棄的顏料粉飾；門窗則用香水製造廠廢棄的雪松木製成。基特希望循環利用再造屋能喚醒人們珍惜資源，善用回收利用再造產品，加強環保意識。

萄酒成了滅火戰士

某縣城最近組建了一支消防隊，隊長由剛從部隊轉業的阿來擔任。

縣城不比城市，發生火災的情況較少，所以，沒事的時候他們都學習消防知識，阿來見識多，知道的東西也比較多，同事不懂的問題都向他請教，而阿來也都能解答，所以大家給他取了一個外號叫「一休」。

有一天，突然接到電話，縣郊區的一家葡萄酒廠起火了。接到命令的消防隊員迅速趕到現場，投入緊張的撲火中。正當他們奮勇作戰，即將控制大火的時候，突然發現貯水槽裡的水快沒有了。

這下完了，隊員們都感到很絕望。這時，阿來突然命令隊員把正在發酵的葡萄酒潑向熊熊大火。我們知道酒精能燃燒，但神奇的是，火竟然被撲滅了。

事實上，正在發酵的葡萄酒裡含有大量的二氧化碳，而二氧化碳不助燃，是最好的滅火劑。一般情況下，在面對大火時，我們通常想到的是滅火器。其實，滅火器噴出來的也是二氧化碳，那麼滅火器裡為什麼有那麼多二氧化碳呢？

原來，鋼筒裡貯藏著兩種化學物質，即碳酸氫鈉和硫酸。平時，這兩種物質用玻璃瓶隔開分住兩處，各不相擾。當滅火機頭倒過來時，它倆混到一塊兒，發生化學反應，產生大量二氧化碳。

把硫酸換成硫酸鋁，再配上點發泡劑，就成為泡沫式滅火機。它也同樣產生二氧化碳氣流，同時帶有大量泡沫，可以漂在表面上幫助滅火。

喇叭口的滅火機，裡頭不裝化學藥品，直接裝著二氧化碳，那是用強大的壓力把二氧化碳壓進鋼瓶，使它變成液體。二氧化碳由氣體變成液體以後，體積縮小很多。

這樣，一個不大的鋼瓶內的液體二氧化碳，再變成氣體時，就可以充滿好幾個房間。像液化石油氣罐一樣，滅火機平時緊閉閥門。救火時一擰開閥門，強大的二氧化碳氣流就透過連接著的喇叭口向火焰噴去。

滅火器的發展史

古時的滅火器具很簡單，無非是鉤、斧、鍬、桶之類。第一個真正的專用滅火器是由英國船長、諾福克郡人曼比於1816年發明的，它僅是2個裝1升多水並充有壓縮空氣的圓桶。

到19世紀中葉，法國醫生加利埃發明了手提式化學滅火器。將碳酸氫鈉和水混合放在筒內，另用一玻璃瓶盛著硫酸裝在桶口內。使用時，由撞針擊破瓶子中，使化學物質混合，產生二氧化碳，把水壓出桶外。

1909年，紐約的大衛森取得一項專利，利用二氧化碳從滅火器內壓出四氯化碳，這種液體會立即變成不可燃的較重氣體以悶熄火焰。

此後又出現了乾粉滅火器，液態二氧化碳滅火器等多種小型式滅火器。

破 洞的小船竟然成了救星

很久以前，在印度洋海域發生了一次海難，五個倖存者登上了一艘「小船」，他們等待被人發現。

傍晚時分，他們發現「小船」已經壞了好幾個洞，小船裡滲滿了海水，有人擔心一個大浪打來會把「小船」打沉，或者時間越長，「小船」裡水灌得越多，會沉到海底，而救援人員還沒有趕到，他們在驚恐不安中度過了一夜。

可是，直到救援艦艇趕來，「小船」在海面上被海浪沖得晃來蕩去，還是沒有沉下去。原來，這艘小船是用特殊材料做的，這就是泡沫塑料。

泡沫塑料上有小洞洞，這是利用小蘇打受熱分解生成CO_2氣體而成。最初，人們用泡沫塑料來製作洗澡用

具和機器上的緩衝墊片。由於它具有很好的彈性，隔音絕熱性能很好，人們用它製造各種坐墊、枕頭；用它來製作電話間、浴室牆壁、飛機座艙。

事實上，塑膠是一種具有可塑性的合成高分子化合物，它是以合成樹脂為基本原料，在一定溫度和壓力下，塑製成一定形狀的新型合成材料。

塑膠的基本成分是合成樹脂，所謂合成樹脂即是以煤、石油、天然氣、電石以及農副產品為原料，透過化學變化，合成的一種高分子聚合物。

這種聚合物的結構有線型和體型兩種。其中線型結構主要是高分子中的原子彼此以一種力──共價鍵，相互聯結成彎曲或蜷曲而又柔的一個長鏈分子，如果在長鏈上還帶有長短不同的支鏈也屬線型結構，也叫枝型結構。

還有一種叫體型結構，主要是高分子化合物中分子鏈之間，透過一種力彼此交聯所形成的。根據塑膠分子的結構，它具有各式各樣的優異特性，它可以製成像金屬般堅牢、棉花般輕盈、玻璃般透明、鋼一般韌性，也可以製成如同橡皮般的彈性、貴金屬般的化學穩定性、海綿般的多孔性、雲母般的絕緣性。

可變色的塑膠薄膜

英國南安普照敦大學和德國達姆施塔特塑膠研究所共同開發出一種可變色塑膠薄膜。這種薄膜把天然光學效果和人造光學效果結合在一起，實際上是讓物體精確改變顏色的一種新途徑。

這種可變色塑膠薄膜為塑膠蛋白石薄膜，是由在三維空間疊起來的塑膠小球組成的，在塑膠小球中間還包含微小的碳奈米粒子，進而光不只是在塑膠小球和周圍物質之間的邊緣區反射，而且也在填在這些塑膠小球之間的碳奈米粒子表面反射，這就大大加深了薄膜的顏色。只要控制塑膠小球的體積，就能產生只散射某些光譜頻率的光物質。

料——為生活增色添彩

大自然需要花朵，五顏六色的花朵把大自然打扮得春意盎然。

人類同樣需要顏色，顏色是人類社會中不可缺少的組成部分。把生活打扮得五彩繽紛就需要染料，那麼染料究竟是怎麼來的呢？

帕金讀大學的時候，教授霍夫曼讓他研究一種治療瘧疾的藥——金雞內霜。

這天，他像往常一樣做實驗，將重鉻酸鉀加進從煤焦油裡提煉出來的苯胺裡，無意中發現試管底部有些黑色的沉澱物。唉，又失敗了。

他歎了一口氣，剛想把沉澱物從試管裡倒進垃圾箱，但轉而一想，覺得這種物質很奇怪，便萌生了探究一下的念頭。

　　於是，帕金把這黑色的沉澱物放入酒精中，搖了搖，驚奇地發現它又變成美麗的紫色，帕金不禁驚奇地大叫一聲。

　　帕金順手將身邊的一塊綢子，放在這種溶液裡浸泡：「嘿，綢子居然也成紫色的了！」

　　第二天，他又將這塊染色的綢子，用肥皂清洗，然後放在太陽光下曝曬。令人驚奇的是，紫色不但絲毫不褪，色調還鮮豔如初。無心插柳柳成蔭，這個意外讓帕金發明了染料。

　　染料是能溶於水、醇、油或其他溶劑等流體中的有色物質。染料溶液能滲入木材，與木材的組成物質（纖維素、木質素與半纖維素）發生複雜的物理化學反應，能使木材著色而又不致模糊木材的紋理，能使木材染成鮮明而堅牢的顏色。

顏料與染料的不同

顏料和染料是不同的物質。顏料是一種微細粉末狀的有色物質,一般不溶於水、油和溶劑,但能均勻的分散在其中。

顏料是色漆的次要成膜物質,在木材裝飾過程中調製底漆、填泥以及木材著色,也經常使用顏料。

不透明的色漆由於放入顏料,其塗膜具有某些色彩和遮蓋力。同時顏料還能增強塗膜的耐久性、耐候性、耐磨性等。

世上竟有不吃羊的狼

中國民間故事及古希臘伊索寓言中有不少狼吃小羊的故事。在我們的眼裡，狼是一種兇殘的動物，劃為豺狼虎豹一類，牠吃羊羔的本性是不會改變的。然而這個世界上有一群狼卻不吃羊。

動物學家在美洲大陸上馴出了一種北美狼，牠不吃羊羔，即使把小羊羔放在牠的嘴巴底下，牠也會遠遠地迴避。原來，科學家們給北美狼開了一張羊肉加氯化鋰的處方，就是在羊肉中摻進了一種叫氯化鋰的化學藥品。北美狼吃了這種含有氯化鋰的羊肉，在短時期內就會有消化不良及肚子脹痛等疾病。

事實上，從一開始時，牠們就明顯地不喜歡這些肉的特殊的味道，到後來如果在肉食方面給牠們有選擇的可能，牠們就不吃含有氯化鋰的羊肉。就這樣，科學家

們經過多次的馴化，牠們就不再掠食羊羔了。

然而，更有趣的是，母狼吃什麼樣的食物，牠的奶就會有什麼樣的味道。如果母狼不吃羊羔，那麼也會傳給牠的幼仔，並且母狼不給牠的幼仔吃自己已經迴避的食物，因此，幼狼就不會去吃羊羔了。

求生時用的好東西

鋰的化合物「氫化鋰」遇水發生猛烈的化學反應，產生大量的氫氣。兩公斤氫化鋰分解後，可以放出氫氣566公升。氫化鋰的確是名不虛傳的「氫氣工廠」。

第二次世界大戰期間，美國飛行員備有輕便的氫氣源──氫化鋰丸作應急之用。飛機失事墜落在水面時，只要一碰到水，氫化鋰就立即與水發生反應，釋放出大量的氫氣，使救生設備（救生艇、救生衣、訊號氣球等⋯⋯）充氣膨脹。

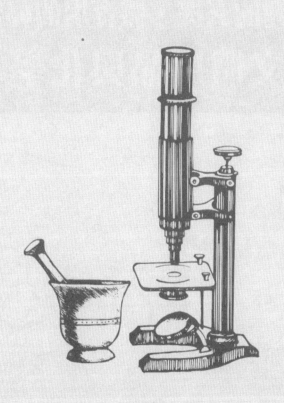

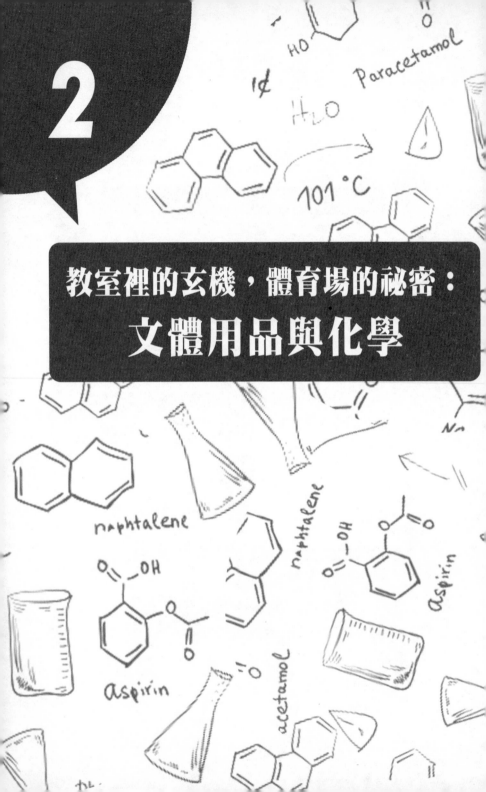

2

教室裡的玄機，體育場的祕密：
文體用品與化學

圓珠筆還是原子筆

我們通常用的筆有鋼筆、鉛筆還有圓珠筆，關於前兩種筆的稱謂大家都無異議，可對於圓珠筆，有人卻說它應該叫原子筆，並因此而爭吵不休，其結果，請看下面的故事。

晶晶班裡剛來了一位新同學叫軍軍，軍軍是從城裡來的，因父母來此考查半年，所以軍軍就跟著父母來到這裡。

軍軍知道的東西可多了，同學們一下課就圍著他問東問西，而軍軍也「慷慨解囊」。

有一次，同學們又問了很多問題，軍軍說：「太多了，拿個圓珠筆來我記一下，一一回答你們。」

晶晶說：「那不叫圓珠筆，那是原子筆。」同學們也都站在晶晶這邊。

軍軍急了，和晶晶爭吵起來，正當二人都面紅耳赤的時候，老師走過來，笑著說：「你們說得都對。那是二次世界大戰剛結束後不久，一位商人推銷一種圓珠筆並說這種筆裡裝的是珍貴的『原子油墨』，買一支回去足夠用一輩子的。由於人們對原子彈有著神祕感，渴望對其瞭解，便爭相購買這種新奇的筆。於是人們把圓珠筆都叫原子筆。」

後來，人們發現筆裡裝的不是什麼原子油墨，而是普通的染料和蔥麻油製成的墨汁。這種筆的筆桿裡裝油墨，筆芯頂端裝著一粒小鋼珠，油墨隨著鋼珠的轉動在紙上留下了字跡。揭開這層神祕面紗以後，人們才把原子筆叫圓珠筆。

晶晶和軍軍聽了都恍然大悟，原來是這麼回事。

圓珠筆的筆芯是一隻又細又圓的塑膠管，是用聚苯乙烯塑膠或聚乙烯塑膠製造的。在筆芯裡裝著油墨。銅頭是用加了鎳、錫等的黃銅合金製成的，非常堅硬，而且耐腐蝕。在銅頭的前端，有一粒比芝麻還小的圓珠。圓珠筆這名字，便是從這裡來的。

圓珠筆用的時間長，是因為油墨黏性比較大，不易大量流出，加之圓珠筆頭頂端與鋼珠之間的縫隙要比自來水筆筆尖上的出水縫細得多，寫字時圓珠筆的油墨流量遠比自來水筆水流量小，因此，用的時間比較長。

太空筆：不同尋常的圓珠筆

早期的宇航員都使用鉛筆，是因為鋼筆、圓珠筆在失重條件下是無法使用的，因此，鉛筆就成了他們惟一的選擇。但是鉛筆有很多缺點，鉛筆的筆芯有時候會斷，因此，在失重的情況下會飄浮，很容易飄進人的鼻子、眼睛中，或飄進電器中引起短路，因此，鉛筆成了危險品。

因發明了圓珠筆通用筆芯而發了大財的保羅·費舍爾，意識到宇航員使用安全、可靠的書寫工具的迫切性，所以他決定自掏腰包進行研製，終於他在花了兩年時間和兩百萬元費用後，在1965年研製成了能在太空環境下使用的圓珠筆——太空筆。

其原理很簡單，他採用密封式氣壓筆芯，上部充有氮氣，靠氣體壓力把油墨推向筆尖。經過嚴格的測試後，太空筆被美國宇航局採用。

穿 越過來的「印章」

有一批古畫，變得灰黃而沒有光澤，但它上面的印章卻鮮紅，像新蓋上去的一樣，難道這些印章是穿越過來的嗎？

有一年，中國大陸幾個考古學家在南方某省發掘出一些古代珍貴的字畫。這些字畫在剛發現的時候，非常的好。但只要一接觸空氣，就馬上變得單薄、脆弱，好像風吹一下就能把紙吹壞似的，尤其是那些畫面，變得非常模糊，這讓考古學家們很沮喪。

然而，奇怪的是，這些字畫的落款上那印章仍然清晰可辨，好像根本沒有經風歷雨。這一現象引起了考古專家的注意。

後來，他們經過認真的研究和科學的測定，發現繪畫的顏料大多使用了鉛白，隨著時間的推移，極易發生

化學反應，生成新的氧化物，而古代印章使用的印泥是用朱砂和麻油攪拌而成，在空氣中不容易發生化學反應，所以保持了原有紅潤鮮豔的顏色。

朱砂的化學成分是硫化汞，硫化汞的化學性質非常穩定，在日光下長期暴曬也不變色，而且能耐酸、耐鹼，正因為這樣，被用作顏料。

中國古代官吏們用的「朱筆」所沾的顏料便是「朱砂」──硫化汞，因為它永不退色。人們用它做印泥，也是這個緣故。

硫化汞是天然的汞礦。正因為在大自然中就存在著這種礦物，而它的顏色又是那麼鮮豔、醒目，因此，人們很早就與它打交道，是很易理解的。

煉朱：砂丹術的產物

東漢之後，為尋求長生不老丹而興起的煉丹術，使中國人對無機化學的認識有了很大提高，並逐漸開始運用化學方法生產朱砂。

晉代著名的煉丹方士葛洪提到「丹砂燒之成水銀，積變又還成丹砂」。古代的「煉丹」，實際上就是把朱砂加熱，硫被氧化成二氧化硫逸出，就得到了金屬汞。

　　為了與天然朱砂區別，古時的人們將人造的硫化汞
（HgS）稱為銀朱或紫粉霜。其主要原料為硫磺和水銀
（汞），是在特製的容器裡，按一定的火候提煉而成
的，這是中國最早採用化學方法煉製的顏料。

書找一個結實的「外套」

我們是不是很愛惜書，是不是每次學校發了新書，都會幫它穿件新衣服？看到這個問題，你也許會笑著說「是」。

彥皓也是個愛惜書的好學生。有一次學校發了新書，看見別的同學都買塑膠書套把書給包起來。彥皓也回家跟爸爸要錢要買書套。

爸爸對彥皓說：「那種塑膠書套不實用，來，我幫你找一個更耐用的。」

爸爸找出了一種灰色的紙，幫彥皓把書包了起來。果然，爸爸說得很對，沒多久，別的同學的書皮都壞了，而彥皓的卻依然如初。彥皓很不解，就去問爸爸。

原來這種「牛皮紙」，工人在蒸煮木材時特意加進去一些化學藥品來處理，把木材的纖維組織拉得緊緊

的，所以製造出來的紙就特別硬、特別結實。

　　事實上，牛皮紙之所以比普通紙牢固，是因為製作牛皮紙所用的木材纖維比較長，而且在蒸煮木材時，是用燒鹼和硫化鹼化學藥品來處理的，這樣它們所起的化學作用比較緩和，木材纖維原有的強度所受到的損傷就比較小，因此用這種紙漿做出來的紙，纖維與纖維之間是緊緊相依的，所以牛皮紙都非常牢。

牛皮紙真是牛皮做的嗎

　　在很早以前，「牛皮紙」的確是用小牛的皮做的。當然，這種「牛皮紙」，現在只有在做鼓皮的時候，才會用到它。而現在包書用的牛皮紙，是人們學會了造紙技術以後，用針葉樹的木材纖維，經過化學方法製漿，再放入打漿機中進行打漿，再加入膠料、染料等，最後在造紙機中形成紙張。

　　由於這種紙的顏色為黃褐色，紙質堅韌很像牛皮，所以人們把它叫做牛皮紙。

劃時代的尿素

票上經常有各式各樣的圖畫，或人物，或花卉，或古蹟，都有一定的意義。

有一張郵票上畫著一個黑球，一個紅球，兩個藍球，四個小灰球。這是什麼意思呢？其實，這是一種分子模球，黑球代表C原子，紅球表示O原子，藍球表示N原子，小灰球代表H原子，而這正好是尿素的組成元素。

關於尿素還有一個小故事：那是在1824年，維勒才24歲，剛從瑞典回到德國，正忙於研究氰酸銨，他想把溶液慢慢蒸乾得到結晶體。可是蒸發過程實在太慢，他一邊加熱，一邊把從瑞典帶回來的化學文獻譯成德文。

出乎意料，他竟得到一種無色針狀結晶體——它顯然不是氰酸銨。後來研究這種晶體，仔細一分析，發現

是尿素。

維勒深知這一發現的重要性，因為他知道尿素屬於有機化合物，而按照當時的化學理論，則認為人工無法製造有機化合物。

維勒立即給他的教師、著名瑞典化學家柏濟力阿斯寫信，說道：「我要告訴您，我可以不借助於人或狗的腎臟而製造尿素。可不可以把尿素的人工合成看作人工製造有機物的先例呢？」

沒想到，柏濟力阿斯對他的發現非常冷淡。柏濟力阿斯認為，只有在一種極為神祕的「生命力」的作用下，才能在生物體中生成有機物，人工是無法用無機物製造有機物的。

有人附和這位權威的論調，說尿素是動物和人排出去的廢物，不能算是「真正的有機物」。維勒沒有向權威屈服。後來，人們又多次合成了有機物，終於摧垮了柏濟力阿斯的「生命力論」。維勒成為人工合成有機物的始創者。

尿素貯存有妙方

1. 尿素如果貯存不當，容易吸濕結塊，影響尿素的原有品質，這樣會給人們帶來一定的經濟損失，這就要求人們要正確貯存尿素。在使用前一定要保持尿素包裝袋完好無損，並且在運輸的過程中要輕拿輕放，防雨淋，貯存在乾燥、通風良好、溫度在20度以下的地方。

2. 如果是大量貯存，下面要用木方墊墊起20公分左右，上部與房頂要留有50公分以上的空隙，以利於通風散濕，垛與垛之間要留出走道，以利於檢查和通風。已經開袋的尿素如沒用完，一定要及時封好袋口，以利於明年使用。

踏車也會生病

　　自行車竟然得了皮膚病，這太不可思議了！只見一輛自行車的鋼圈上出現一塊塊的黃斑，像得了皮膚病一樣。有人以為那是生鏽了，其實事實並非如此。

　　小明纏著爸爸買了一輛越野腳踏車，為了炫耀，小明經常騎車和同學們去野外比賽。

　　由於越野腳踏車來之不易，小明對它是倍加愛護，每次騎車回來都擦一遍。有一次，小明像往常一樣擦車時，看到自行車的鋼圈上出現一塊塊斑點，像得了皮膚病似的。

　　於是小明就去問爸爸：「是不是騎的時候，沒有留意，讓鋼圈濺上了污水的原因？」

　　「這倒也不是。」爸爸笑著告訴他，「鋼圈外面還

有兩層外套，第一層是金黃色的銅錫合金，最外面的那一層才是銀光閃閃的金屬鉻。有了這兩層保護外套，鋼圈可以有效地防止酸鹼的損害，延長使用壽命。」

「那黃斑到底是怎麼一回事呢？」小明迫不及待地追問。

「腳踏車在轉動時，難免會遇到一些砂石的撞擊，一旦撞到鋼圈上，最外面的那一層金屬鉻便被撞掉，露出黃色的銅錫合金。於是，便顯出了難看的黃斑。」

「哦，原來是這麼回事」，小明摸摸腦袋恍然大悟。

事實上，銅錫合金的含錫量不同，他所製作出來的東西也會不同。銅錫合金的含錫量是14%左右的，色黃，質堅而韌，音色也比較好，所以宜於製作鐘和鼎。

銅錫合金含錫量是17%~25%的，強度、硬度都比較高，所以宜於製作斧斤、戈戟、大刃和削殺矢。斧斤是工具，既要鋒利，又要承受比較大的衝擊載荷，所以含錫量不宜太高，否則太脆。

戈戟、大刃、削殺矢都是兵器，都需要鋒利。戈戟受力比較複雜，對韌性要求比較高，所以在兵刃中含錫量最低。

大刃（刀劍）既需要鋒利，也要求一定的韌性以防折斷，所以含錫量比較高而又不太高。

削殺矢比較短小，主要考慮銳利，所以在兵器中它

的含錫量最高。

銅錫合金含錫量是30%~36%的，顏色最潔白，硬度也比較高。色潔白，就宜於映照；硬度高，研磨時就不容易留下痕跡。所以這種銅錫合金宜於製作銅鏡和陽燧。

鍍層錫的「馬口鐵」

馬口鐵是表面鍍有一層錫的鐵皮，它不易生鏽，又叫鍍錫鐵。將鐵片浸到熔化的液體錫中而製得。

錫是比鐵不活潑的金屬，既不被空氣氧化又不與水反應，所以有相當強的抗腐蝕能力。鐵片上鍍了一薄層錫可起良好的保護作用。但鍍層一旦被破壞後發生電化學腐蝕時，由於鐵比錫活潑，鐵將作為原電池的負極發生氧化反應而損耗，錫的存在將加快鐵的腐蝕速度，所以馬口鐵與白鐵不同，它只能在鍍層完好的情況下才有保護鐵的作用。

會 寫字的「黑石頭」

我們每天學習時經常用到鉛筆，雖然它叫鉛筆，但卻不是用鉛做的，它是石墨做成的。關於鉛筆的發明還有一個有趣的故事：

幾百年前的一天，一場災難性的颶風襲擊英格蘭島，許多房屋、大樹都被颳倒了，受災較重的是昆布蘭地區。

暴風雨過後，一位牧羊人外出放羊時在樹根下發現了一種烏黑的石頭，他順手撿了一塊，發現比泥土硬，比石頭軟。他輕輕地在羊身上劃了一下，結果留下了一道黑印。於是牧羊人就用它在羊身上畫記號，以便於辨認。後來牧羊人把它製成棒形，賣給商人用在包裝上畫記號。這就是最早的「鉛筆」了。

這種黑礦石不是「鉛」，而是「石墨」。石墨是碳

質元素結晶礦物，它的結晶格架為六邊形層狀結構，屬六方晶系，具完整的層狀解理。解理面以分子鍵為主，對分子吸引力較弱，故其天然可浮性很好。

石墨質軟，黑灰色，有油膩感，可污染紙張。在隔絕氧氣條件下，其熔點在3000℃以上，是最耐溫的礦物之一。

石墨與鉛筆的緣分

近百年來，人們不斷實驗、改進，又在石墨中摻上黏土，再放到窯裡燒，做成了現在這種細細的筆芯。

石墨與鉛筆的緣分開始於1781年，德國化學家法伯經過多次實驗，將石墨粉與硫黃、銻、松香混合在一起，製成糊狀再擠壓成條形，這就是鉛筆的雛形。這種鉛筆有一定的硬度，書寫起來比石墨棒好用多了。

19世紀初，美國的一名木工和補鍋匠精心研製成一台機器，它能把較大的木塊切成小木條，並在上面刻出槽。他們把許多次改造後的纖細的「鉛」——石墨芯嵌在內，做成了世界上第一支真正的鉛筆。

老太太眼中的「照妖鏡」

「啊！妳可真奇怪！」一個老太太大喊道。

「說什麼啊！妳才奇怪呢！」一個少女不高興的回答。

「不然妳怎麼會戴著照妖鏡出門。」老太太指著少女的眼鏡說。

「什麼？妳看清楚了，我戴的是變色太陽眼鏡，不是照妖鏡。」說完，少女轉頭走了。

這位老太太是一個鄉下人，從來沒有進過大城市，見什麼東西都感覺很新鮮，當然，她也從來沒有見過變色太陽眼鏡，這位少女從她身邊經過的時候，老太太看見少女戴的眼鏡變色，所以才會大吃一驚，指著少女的眼鏡說：「照妖鏡。」

原來，變色鏡片有一種特殊的功能，當四周光線太

強，刺得人眼睛睜不開的時候，鏡片就自動變黑；當四周光線較弱，鏡片又能變回無色透明的。

究其原因，只是因為這種特殊的鏡片在液態的玻璃中加入氯化銀和氯化銅，而玻璃凝固後就具有變色的功能了。

原理在於氯化銀在陽光的照射下進行了氧化還原反應：氯離子被氧化為氯原子，而銀離子則被還原為銀原子。這樣，銀原子便會把鏡片變黑，遮擋陽光。

太陽鏡綜合症

夏天戴變色太陽眼鏡的人多了起來，但有些人會因此視力下降，視物模糊，嚴重時會產生頭痛、頭暈、眼花和不能久視等症狀。

醫學專家將上述症狀稱為「太陽鏡綜合症」。預防太陽鏡綜合症，一是要正確選擇和使用太陽眼鏡，儘量不要選擇框架太大的鏡架。

因為此種鏡架多是進口的，是根據歐美人士臉型設計的，而亞洲人的瞳孔的距離大多小於進口的大框架眼鏡的光學中心距離，配戴這種眼鏡會大大增加眼球調節功能的負擔，進而損害視力。

　　另外，近視的人如果想佩戴變色太陽眼鏡，可以用鏡片夾工具來同時佩戴變色眼鏡片和近視鏡片或者佩戴變色近視眼鏡。

夜裡奇怪的「閃光燈」

有一農民進城做生意，晚上出來閒逛，突然，幾百米外有一燈光一閃一閃的，「難不成遇上了鬼」這樣想著，他不但沒跑反而好奇地湊了過去。

「這哪裡是鬼，原來有人在拍照。」農民鬆了一口氣，但他還是很迷惑，閃光燈一閃就能拍出照片來，那麼閃光燈裡裝著什麼東西，是汽油還是酒精呢？

都不是，它裡面裝的是金屬──鎂或鋁。可是，鎂或鋁都是金屬，尤其鋁，我們最為熟悉，家裡鋁鍋、鋁盆，甚至鋁碗，多得是，為什麼不燃燒？其實，鋁或鎂只要研磨成極細的粉末，即鋁粉或鎂粉，就極容易燃燒，能釋放出大量的熱，可以把鐵熔化。

在閃光燈裡裝上極細的鋁粉或鎂粉，使用時只要輕輕地按一下快門，在百分之幾秒內就能燃燒完畢，發出

耀眼的光芒來，一瞬間完成膠片感光這一「使命」。有了閃光燈，不論天多麼黑，光線多麼暗，都能拍攝出美好的照片。

危險報警閃光燈

危險報警閃光燈（紅三角裡有個！的標誌按扭開關，俗稱雙閃燈或雙跳燈），是一種提醒其他車輛與行人注意本車發生了特殊情況的信號燈。

在開車過程中遇到濃霧時，能見度低於50米時，由於視線不好，不但應該開啟前、後防霧燈，此時還應該開啟危險報警閃光燈，以提醒過往車輛及行人的注意，特別是後方行駛的車輛，保持應有的安全距離和必要的安全車速，避免緊急剎引起追撞。

電影院製冷的好幫手

「這家電影院裡的空調真是太強了，我都快結冰了。」小博對同行來的小姚說。

「這裡沒有空調的。」小姚回答道。

「啊？沒有空調，那麼是風扇嗎？」

「這裡也沒有風扇。」

「那電影院為何這麼涼快呢？」小博疑惑的問。

「是冷氣機。一般電影院都用冷氣機來製冷。這冷氣是一種化學物質，俗稱叫「氟氯碳化物」，經過壓縮、液化、冷凍等處理後，從冷氣機裡吹出來，像汗水蒸發一樣，可以帶走大量的熱量，進而使周圍溫度大大降低。」

「哦，原來如此。」

「在夏天，要是我們滿頭大汗，坐在電風扇前吹一

吹，涼風能迅速地把我們身上的熱汗吹走，讓我們感到涼爽。這是因為汗水蒸發，帶走了熱量，人體才感到涼爽。電影院裡冷氣機用冷氣來製冷，也是這個道理。」

「哦，我明白了。」

氟氯碳化物又稱「氟氯烷」或「氟氯烴」，是氟氯化甲烷和氟氯代乙烷的總稱，可用符號「CFC」表示。氟氯碳化物包括20多種化合物，其中最常用的是氟氯碳化物-12，化學式是CCl_2F_2，其次是氟氯碳化物-11，化學式為CCl_3F。氟氯碳化物是一種性能優良的冷凍劑，在家用電冰箱和空調機中廣泛使用。美國化學家密得烈經過長期的研究，終於製成了CCl_2F，即氟氯碳化物-12。它的性能優於二氧化硫和氨，其可由四氯化碳與無水氟化氫在催化劑存在下反應製得。

用氟氯碳化物作冷凍劑，優點很多：容易液化；沒有氣味，沒有毒性；不腐蝕金屬，這一點也優於二氧化硫和氨；跟大多數有機物不同，氟氯碳化物不能燃燒，因而避免了發生火災和爆炸的危險。

此外，氟氯碳化物有許多重要應用，除在冷凍裝置中作冷凍劑外，還常用作噴霧裝置中氣溶膠推進劑、電子器件清洗劑以及泡沫塑料的發泡劑等。

破壞「太陽防護鏡」的罪惡殺手

臭氧層存在於大氣平流層中，平流層中的氣體90％由臭氧組成，它可以有效地吸收對生物有害的太陽紫外線。如果沒有臭氧層這把地球的「保護傘」，強烈的紫外線輻射不僅會使人死亡，而且會消滅地球上絕大多數物種。

臭氧層是人類及地表生態系統的一道不可或缺的天然屏障，猶如給地球戴上一副無形的「太陽防護鏡」，而氟氯碳化物卻是臭氧層的「罪惡殺手」。

氟氯碳化物在大氣中可以存在60～130年，雖然氟氯碳化物釋放量相對較少，但一個氯原子可破壞十萬餘個臭氧分子，進而導致平流層臭氧受到破壞，並逐漸減少。

稱霸電影院的「鐵」

天然的純銀，很早就引起人們的注意。在古希臘，人們用月亮來表示銀。銀的梵文原意是「明亮」。銀，漂亮而稀少，是金屬中的「貴族」。

18世紀末，瑞典著名化學家社勒發現，在一種可溶於水的銀的鹽類——硝酸銀的溶液中，加入鹽酸，立即沉澱為白色的氯化銀。在陽光的照射下，氯化銀會變黑。社勒的這一發現，改變了銀的命運。

1802年，英國化學家威吉烏特把氯化銀塗在白紙上，製成了世界上最早的印相紙（相片）。他用黑紙剪成人像，壓在這印相紙上，放於陽光下暴曬，氯化銀感光後由白變黑，而黑紙下的那一部分未受到日曬，依舊是白色。這樣，拿走黑紙後，印相紙（相片）上就出現了白色的人像。不過，由於威吉烏特不懂得定影，不

久，那白色的人像受到光照後，也變黑而消失了。

1839年，法國畫家達克拉摸索成功定影方法，發明「銀板法」。接著，英國阿切爾等人又進一步發明了「濕版法」，於是，銀就成了照相業的「主角」。

隨後銀又成了電影的「主角」，但銀貴重而稀少，這時候「磁帶錄影」出現了，比起電影感光膠片來，磁帶錄影有許多優越之處：

磁帶錄影像磁帶錄音一樣，拍壞了，消一下磁帶就可以再用。如此可重複使用上萬次！用磁帶錄影當場就可以看到拍攝的圖像，稍不滿意，可以立即重拍。

磁帶，是鐵的「天下」。磁帶上那紅棕色的磁粉，化學成分為氧化鐵。作為磁粉的氧化鐵有兩種，一種是四氧化三鐵，一種是三氧化二鐵。

在半個世紀前，自從人們發明了磁性錄音法，鐵大走紅運，成了錄音材料的「主角」。當人們從磁帶錄音進一步發明磁帶錄影之後，鐵成了銀的勁敵。

鐵在地殼中的含量為4.2％，就金屬而論，僅次於鋁，居第二位；銀的含量卻只有0.00005％！因此，人們論銀以兩計，論鐵以噸計！物以稀為貴。以鹵化銀為感光材料的電影膠片，比以氧化鐵為磁性材料的錄影磁帶要昂貴得多，這正是鐵更勝一籌的原因。

電影的發展史

1887年，美國發明家愛迪生成立了研究所，致力於電影的研究。可是，由於他始終無法解決電影膠片傳送需要「一動一停」的問題，研究工作夭折了。

1894年起，法國科學家路易・盧米埃爾繼續研究。1894的一個夜晚，盧米埃爾在設計電影膠片傳送的類比圖案時，突然想到：在縫紉機縫製衣服時，跟電影膠片所需要的傳送方式很像，都是一停一動地向前移動。於是，盧米埃爾異常興奮地重新修改電影膠片傳送的設計方案。經過多次試驗，盧米埃爾設計的電影膠片傳送方式果然可行。

1895年12月28日，在巴黎，許多社會名流應盧米埃爾的邀請，來到了普辛大街14號大咖啡館的地下室，觀看電影。

觀眾在黑暗中，看到銀幕上的畫面十分逼真。當螢幕上出現一輛馬車被飛跑著的馬拉著，迎面跑來的時候，許多女士尖叫著站了起來，準備躲避馬車。

盧米埃爾完成了愛迪生尚未完成的發明電影的事業，在全世界研製成功了第一部電影。

　　電影的誕生，為人類顯示自身的活動、開展科學研究、豐富文化生活等產生了極為重要的影響。因此，人們把1895年12月28日定為電影誕生日，還將盧米埃爾稱為「現代電影之父」。

藍墨水與藍黑墨水

翻開我們以前寫的作業，發現有些字跡已經模糊不清了，而有的卻清清楚楚，人們往往很詫異同一時期的字跡卻有著很大的不同。

過節了，為了迎接新的一年，家家戶戶都開始大掃除，平平家也不例外。

媽媽讓平平收拾自己的東西，把東西都整理一下。當平平收拾到自己小學五年級的作業本時，他順手翻開一看，「啊，字跡怎麼模模糊糊的，也沒弄濕過啊。」平平自言自語道。

再翻看一本，這本卻清清楚楚，這就更奇怪了，這些都是那時候寫的啊，沒隔幾天，怎麼它們的差別會這麼大呢？

正當他納悶時，表哥來了。表哥告訴他：「這是由

於藍墨水中的鞣酸跟硫酸亞鐵發生了化學變化，生成了一種新物質叫鞣酸亞鐵，這種鞣酸亞鐵在日光照射下或空氣作用下又發生化學變化，生成了鞣酸鐵。鞣酸鐵是一種黑色不溶於水的沉澱物，它能牢牢地黏附在紙上。所以，字跡比較清楚。」

　　平平拿過作業本一看，果真是用兩種筆寫的。平平在佩服表哥做事仔細的同時，也為他的博學而折服。

　　一般，藍黑墨水裡還加入了可溶性藍色有機染料、硫酸、苯酚、甘油和香料。加入硫酸，是使墨水保持酸性，防止墨水沉澱；苯酚的俗名叫苯酚，是著名的防腐劑，能殺菌，使墨水不至於腐化發臭；甘油的化學成分是丙三醇，是常用的防凍劑，加入甘油後，就可以大大降低水的冰點，使墨水在冬天不易結冰；至於加入香料，則是使墨水芳香宜人。

徽墨：墨中之魁

中國古代素來以「徽墨」為墨中之魁。徽墨，顧名思義，就是產在古徽州的墨。「徽墨」的「徽」，當然指的是由安徽省古徽州府所轄歙縣、黟縣、祁門縣、休寧縣、績溪縣、婺源縣等「一府六縣」組成的「古徽州」。

徽墨以松為基本原料，摻入20多種其他原料，經過點煙、和料、壓磨、晾乾、挫邊、描金、裝盒等工序精製而成。成品具有色澤黑潤、堅而有光、入紙不暈、舔筆不膠、經久不褪、馨香濃郁及防腐防蛀等特點，宜書宜畫，素有「香徹肌骨，渣不留硯」之美稱。

徽墨的色澤可分為焦、重、濃、淡、清五個層次，墨色歷千年而不褪，油墨黑潤賽漆，淡墨丰韻如神；用於書畫變化無窮，妙趣橫生。它的兩面還鑴繪各種圖案，美觀典雅，是書畫藝術的珍品。

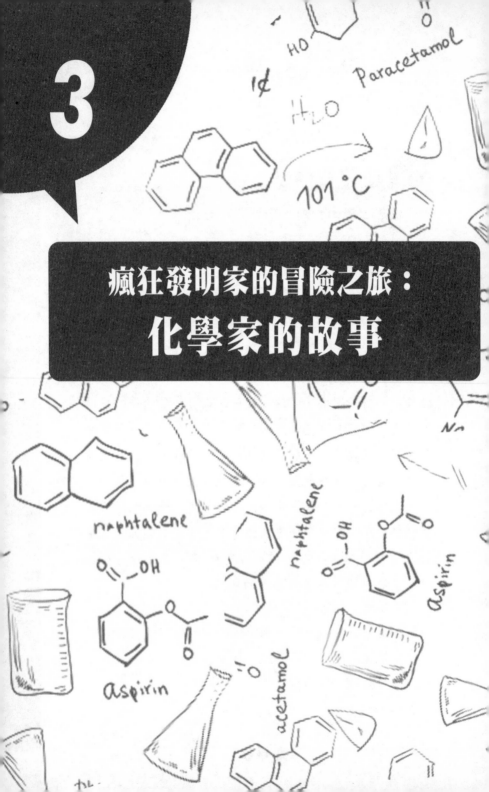

3

瘋狂發明家的冒險之旅：
化學家的故事

閃霓虹燈背後的祕密

　　工業中，生產的霓虹燈，五顏六色，爭妍鬥豔，給人視覺的享受，生活在都市里的人對它都不陌生，霓虹之所以能發出五顏六色的光，是因為裡面充了螢光粉。關於霓虹燈的發明，還有一段有趣的經歷：

　　19世紀末，英國化學家雷姆賽和特拉弗斯從液態的空氣中發現了一種既奇怪又稀少的氣體，當他們把這種氣體密封在一根玻璃管中，再通上電流的時候，原本沒有任何顏色的玻璃管，竟然呈現出紅色。

　　「真沒想到還有這樣奇妙的事。」

　　「是啊，這燈管該叫什麼名字呢？」

　　面對這奇異的氣體，兩位化學家商討來商討去，最後決定把這紅燈叫做新的燈。在希臘語中「新的燈」，就是「霓虹燈」的意思。

霓虹燈的製作原理是，當外電源電路接通後，變壓器輸出端就會產生幾千伏甚至上萬伏的高壓。當這一高壓加到霓虹燈管兩端電極上時，霓虹燈管內的帶電粒子在高壓電場中被加速並飛向電極，能激發產生大量的電子。這些激發出來的電子，在高電壓電場中被加速，並與燈管內的氣體原子發生碰撞。

當這些電子碰撞游離氣體原子的能量足夠大時，就能使氣體原子發生電離而成為正離子和電子，這就是氣體的電離現象。

帶電粒子與氣體原子之間的碰撞，多餘的能量就以光子的形式發射出來，這就完成了霓虹燈的發光點亮的整個過程。

霓虹燈的最佳優點

一、溫度低

霓虹燈因其冷陰極特性，工作時燈管溫度在60°C以下，所以能置於露天日曬雨淋或在水中工作。同樣因其工作特性，霓虹燈光譜具有很強的穿透力，在雨天或霧天仍能保持較好的視覺效果。

二、低能耗

在技術不斷創新的時代，霓虹燈的製造技術及相關零件的技術水準也在不斷進步。新型電極、新型電子變壓器的應用，使霓虹燈的耗電量大大降低。

三、壽命長

霓虹燈在連續工作不斷電的情況下，壽命達一萬小時以上，這一優勢是其他任何電光源都難以達到的。

創新紀元的「侯氏製鹼法」

我們平時吃的饅頭、麵餅等都離不開純鹼，因此，只靠天然的純鹼是不夠用的，這就出現了工業製鹼。關於工業製鹼，中國最早的就是侯德榜發明的「侯氏製鹼法」。

以前全世界的鹼生產都被英國壟斷，他們不向其他國家提供相關的技術，還任意抬高產品的價格，給包括中國在內的其他國家工業的發展，造成了巨大的阻礙。

當時，侯德榜在美國留學，期間來美國考察的化學工業的陳調甫感慨地對侯德榜說：「中國的化學工業很需要鹼，但我們沒有鹼的技術，就只能看著別人掐我們的脖子，讓我們受氣……」侯德榜聽後，暗下決心：一定要學會製鹼技術，為民族爭氣，為人民造福。

畢業後，侯德榜回到中國大陸，開始研究製鹼的方

法，經過三年不懈努力，他終於研發出了一種製鹼的方法，打破了英美對新式製鹼法的技術封鎖，使工廠生產出了潔白的純鹼。

後來侯德榜認真地研究自己製鹼法的優缺點，反覆地試驗，首次使用了一種自己想出的新方法，並配合一種合理的製作流程，大大節省了原料，降低了成本。1939年，侯德榜終於發明了「侯氏製鹼法」。這種製鹼法被世界公認為當時的最高水準，「侯氏製鹼法」的名字永遠留在了科學史中，侯德榜也被世界稱為「製鹼大王」。

蘇打界的「三父子」

蘇軾、蘇轍、蘇洵是父子三個，那麼小蘇打，大蘇打，和蘇打又是什麼關係呢？

小蘇打是碳酸氫鈉的俗名。治療胃病的小蘇打片、「蘇打餅乾」，便是用碳酸氫鈉做的。小蘇打與蘇打之間，有著「骨肉之親」，因為小蘇打在工業上是用蘇打做原料製成的。蘇打的化學成分為碳酸鈉。在化工廠，人們是往蘇打的水溶液裡通進二氧化碳，來製取小蘇打。

大蘇打，是硫代硫酸鈉的俗名，又稱「海波」。大

蘇打是白色的結晶，具有弱鹼性，易溶於水，但不易溶於酒精。大蘇打在攝影事業上非常重要，定影的主要成分便是它，硫代硫酸是重要的還原劑。

蘇打則是工業上的重要原料，又稱純鹼。蘇打是白色的細小結晶，含有結晶水時則晶體比較大。含有十個結晶水的蘇打，是無色的單斜結晶，常用於洗濯，在商業上稱為「洗濯蘇打」。蘇打是鹼性物質，玻璃、肥皂、造紙、石油等工業都要消耗成千上萬噸的蘇打。

賜給農作物的福音

　　施用氮、磷、鉀等化肥可以使農作物增長，這是人人都知道的常識，可是在幾百年前，人們卻認識不到這一點。種植的農作物產量都非常低，後來有一位化學家打破了家作物產量低的不正常現象。

　　德國化學家李比希，有一次去田裡取土壤，準備拿到實驗室做試驗，他看到農民種植的農作物生長非常差，「今年風調雨順，但農作物卻長得如此之差，農民的收成肯定不好，靠此生活的農民該怎麼過啊！」憐憫之心油然而生，於是李比希打算幫助農民改善變現狀。他把農民用的土雜肥拿到試驗室進行化驗。

　　經過長期實驗，李比希發現土雜肥中含有植物生長所必需的化學物質，如氮、磷、鉀等，不過含量有限。

　　「能不能把植物生長所需的這些化學物質直接施入

土中，以增加土壤的肥力，使農作物增產呢？」李比希的腦海裡猛然閃現出這麼個念頭。

後來經過不斷的實驗，李比希寫成了一本書《有機化學在農業和生理學中的應用》。李比希告訴人們，植物生長不僅僅需要碳、氫、氧，還需要磷和鉀，以及少量的硫、鈣、鐵、錳、矽等多種元素。

植物吸收所有元素的唯一來源，就是土壤。為了不使土壤逐步貧瘠，造成農作物減產，僅靠農家肥、草木灰是遠遠不夠的，必須使用人造肥料，尤其是磷肥和鉀肥。於是，李比希又開始轉入人造化肥的研製工作。這是人類第一次有意識的嘗試製造化肥。

經過反反覆覆的試驗，李比希終於研製成一種優於碳酸鉀（碳酸鉀極易溶於水，肥效雖快卻難維持）的顆粒狀新化肥。施用後，增產效果顯著。李比希也因此成為農業化學的奠基人而載入史冊。

關於化肥的傳說

根據古希臘傳說，用動物糞便作肥料是大力士赫拉克羅斯首先發現的。赫拉克羅斯是眾神之主宙斯之子，是一個半神半人的英雄，他曾創下12項奇蹟，其中之一就是在一天之內把伊利斯國王奧吉阿斯養有300頭牛的牛棚打掃得乾乾淨淨。他把艾爾菲厄斯河改道，用河水沖走牛糞，沉積在附近的土地上，使農作物獲得了豐收。當然這是神話，但也說明當時的人們已經意識到糞肥對作物增產的作用。

古希臘人還發現舊戰場上生長的作物特別茂盛，進而認識到人和動物的屍體是很有效的肥料。在《聖經》中也提到把動物血液淋在地上的施肥方法。

筒裡噴出細絲來

人類有不少發明創造都來源於自然界的現象。看到了帶刺的小草，發明了鋸子，看見了羞答答的含羞草，人類發明了液壓傳動機，看到蜘蛛結網和蠶吐絲，人們又發明了人造絲。

很早以前，有一個人看到蜘蛛吐絲，就想用人工方法做出細絲來，於是這個人捕捉了上萬隻蜘蛛，把這種絲液裝在針管裡，用力擠壓就產出了絲。可是這種蜘蛛絲很容易斷，而且稍稍熱了一點就會化掉。人造絲的夢想沒有成功，但這給以後人造絲的發明帶來了啟示。

查唐納有一次在沖洗照片時，發現底片溶解在酒精和乙醚的混合溶液中，而且這種流體非常黏稠。他像古人那樣，把這些液體裝在針管裡，然後往外擠，果然噴出了一根細長的絲，一拉，還挺結實。就這樣，世界上

第一根人造絲便誕生了。

　　其實，木材中含有豐富「纖維素」的普通材料，木材能夠經過亞硫酸鹽和燒鹼等水解、蒸煮、漂白的方法，除去木材中含的樹脂和木質素等雜質，進而得到潔白的纖維素。一般人們把這種纖維素做成類似紙板「漿粕」，然後送到人造纖維廠作為原料。

　　人造纖維廠把這些粕用氫氧化鈉溶液處理以後，成功製成「鹼纖維素」，再透過二硫化碳的磺化而成「纖維素磺酸酯」，然後溶解於烯液中做成稠厚的黏液，這種黏液就稱為「黏膠液」，最後人們透過有很多微細小孔的噴絲頭，把黏膠液噴到含有硫酸等的溶液中，使它凝固而得到「再生」的纖維素，然後再經過塑化牽伸而得到很多細長的黏膠纖維長絲，這就是我們通常稱的人造絲。

　　人造絲能夠做出各式各樣漂亮的人造絲綢緞，它還可以做出許多人造棉布和同合成纖維混紡的織物，人造毛也能夠做出各種人造毛呢料，像凡立丁和華達呢以及各式各樣的人造毛毯。

　　如今隨著科學技術的高速發展，各種新的黏膠纖維品種，也層出不窮。例如，高強力的黏膠纖維，能夠做成汽車輪胎用的簾布，但它比棉簾布的效果要好得多；又例如有一種纖維，能夠做成各種美觀柔軟的輕薄織

物，人們把它作為穿著用的衣料。

脾氣火暴的「婆婆絲」

1889年的巴黎世博會上展出了神奇的「夏爾多內人造絲」，這種人造絲光澤照人，極為美麗。緊接著就有投資者打電話來要求投資。

很快，到了1891年，人造絲就開始反賊入商業生產了，不過最初的人造絲很容易燃著，所以工人們又給它取了一個外號，叫做「婆婆絲」，暗指脾氣火暴，一點就著。

與 蟲災鬥爭中的不速之客

DT是人類與蟲災鬥爭的結果，因它毒性較大，污染嚴重，所以被禁止使用。但它開創了化學殺蟲劑的先河，對人類歷史的進程產生了巨大的影響。

有一年，米勒的家鄉鬧蟲災，於是米勒想研究一種藥來幫助家鄉度過蟲災之年，但好多年過去了，他合成了許多化學藥物，可是這些藥物往往要在噴灑後幾小時、甚至幾天才起到殺蟲作用，害蟲中毒過程非常緩慢，滅蟲的威力不大。

「別鑽牛角尖了，怎麼能發明出速效滅蟲藥呢？不可能。」「傻子，難道你還要浪費青春嗎？」人們有的勸告，有的譏笑。

「難道就這麼半途而廢？就這麼輕易放過這些害蟲嗎？」米勒感到十分不甘，於是他繼續研發。

有一天，米勒看到了雙苯基三氯乙烷的製備方法，這就使他從氯化甲基的毒性出發，進而想知道三氯化甲基的觸殺效果。

1939年9月，米勒正式公開了他的研究成果：新型的殺蟲劑對家蠅有驚人的觸殺作用。隨後，他又製備了這一藥物的各種衍生物，終於合成了雙對氯苯基三氯乙烷，即威力超群的DDT。

藏在脂肪裡的 DDT

DDT可在動物脂肪內蓄積，甚至在南極企鵝的血液中也檢測出DDT，鳥類體內含DDT會導致產軟殼蛋而不能孵化，尤其是處於食物鏈頂極的食肉鳥如美國國鳥白頭海雕幾乎因此而滅絕。

1962年，美國科學家卡爾松在其著作《寂靜的春天》中懷疑，DDT進食物鏈是導致一些食肉和食魚的鳥接近滅絕的主要原因。因此從20世紀70年代後DDT逐漸被世界各國明令禁止生產和使用。

DDT的有毒人造有機物是一種易溶於人體脂肪，並能在其中長期累積的污染物。已被證實會擾亂生物的荷爾蒙分泌，《流行病學》雜誌曾提到，科學家透過抽查

24名16～28歲墨西哥男子的血樣，首次證實了人體內
DDTs含量升高會導致精子數目減少。

刻造出一個「水中花園」

什麼？片刻就有一個水中花園？這麼迅速而神奇的工程是真實的嗎？你還別不信，確實有人造出來了。

有一位叫霍德的化學愛好者，看很多人都在做研究發明，就經常琢磨，心想哪一天自己也做點小創作，於是他經常用一些化學藥品做實驗。發明哪有他想的那麼容易，試驗了很多次也沒能出個所以然，灰心喪氣的他把剛做完試驗的藥品全倒在玻璃缸裡，奇怪的現象發生了：在玻璃缸中竟出現了各式各樣的枝條來，縱橫交錯地伸長著，綠色的葉子越來越茂盛，鮮豔奪目的花兒也開放突起！就像一座根深葉茂、五光十色的水中花園。

想不到自己也能發明一個「水中公園」，為了炫耀自己的「發明」，霍德便想向鄰居們獻寶，但大人們都

覺得他平時神經兮兮的，所以都不以為然的笑笑走開了，但這卻引來一群小孩的好奇，大人不看，可以跟孩子們表演，遭到拒絕的他竟然高興的和孩子們表演起自己的發明來。

只見他在一個盛滿無色透明水溶液的玻璃缸中，投入了幾顆米粒大的不同顏色的小塊塊。不一會兒，在玻璃缸中一座栩栩如生的水中公園便展現在小觀眾的眼前。頓時掌聲四起，小朋友們都覺得神奇極了。

事實上，玻璃缸中盛的不是水，而是水玻璃，投入的各種顏色的小顆粒，是幾種能溶解於水的有色鹽類的小晶體，這些小晶體與矽酸鈉發生化學反應，能生成五顏六色的物質。

這些小晶體和矽酸鈉的反應，是非常獨特而有趣的化學反應。當把這些小晶體投入到玻璃缸後，它們的表面立刻生成一層不溶解於水的矽酸鹽薄膜，這層帶色的薄膜覆蓋在晶體的表面上。

然而，這層薄膜有個非常奇特的脾氣，它只允許水分子通過，而把其他物質的分子拒之門外，當水分子進入這種薄膜之後，小晶體即被水溶解而生成濃度很高的鹽溶液於薄膜之中，由此而產生了很高的壓力，使薄膜鼓起直至破裂。膜內帶有顏色的鹽溶液流了出來，又和矽酸鈉反應，生成新的薄膜，水又向膜內滲透，薄膜又

重新鼓起、破裂……如此循環下去。每循環一次，花的枝葉就新長出一段。就這樣，只需片刻就形成了枝葉繁茂、百花盛開的水中花園了。

水玻璃的製作方法

水玻璃是一種俗稱，它的化學名稱叫做矽酸鈉的水溶液。矽酸鈉的生產方法分乾法（固相法）和濕法（液相法）兩種。

一、乾法生產

是將石英砂和純鹼按一定比例混合後在反射爐中加熱到1400℃左右，生成熔融狀矽酸鈉。

二、濕法生產

以石英岩粉和燒鹼為原料，在高壓蒸鍋內，0.6—1.0MPa蒸汽下反應，直接生成液體水玻璃。微矽粉可代替石英礦生產出模數為4的矽酸鈉。

解 救大象命運的賽璐珞

璐珞它可是塑膠的老祖宗，而賽璐珞則是英文「celluloid」的譯音，它有兩個意思，一是假象牙；二是叫電影膠片。你也許會覺得奇怪，賽璐珞和這兩種東西有什麼關係呢？但一查歷史還真有點關係。

愛好體育的人都知道檯球，過去的檯球大多是有錢階層的娛樂活動，到19世紀，在美國已非常盛行。那時的檯球是用象牙做的，顯得非常的高雅。但當時非洲的大象不斷減少，美國差不多完全得不到象牙來製作檯球，這下子可急壞了檯球製造廠的老闆。於是他們就宣佈了一條訊息：如果誰能發明一種代替象牙做檯球的材料，誰就能得到1萬美元的獎金。

這筆錢在按當時的消費水準來看可不是一筆小數目。所謂「重賞之下必有勇夫」，雖不完全符合事實，

但的確有點兒刺激性。1868年，在美國的阿爾邦尼地方有一位叫約翰·海厄特的人，他原本只是一位印刷工人，他看到了這個訊息，所以決定研發一種能代替象牙製作檯球的材料。

之後他沒日沒夜的鑽研，最開始，他在木屑裡加了天然樹脂蟲膠，這樣就會使木屑結成塊並搓成球，看上去很像象牙檯球，當他以為自己成功的時候，他卻發現這個東西太脆弱了，一碰就會碎，這樣的硬度是無法做檯球的。

之後，他又試了很多東西，但都一無所獲，不是弄的不像象牙檯球，就是硬度不夠。就這樣他一直都沒有找到一種又硬又不易碎的材料。

然而，皇天不負有心人，一天，他發現做火藥的原料硝化纖維在酒精中溶解後，再將其塗在物體上，乾燥後能形成透明而結實的膜。他就想把這種膜凝結起來做成球，但在試驗時一次又一次地失敗了。但他繼續堅持，他相信肯定會研製出來。終於在1869年發現，當在硝化纖維中加進樟腦時，硝化纖維竟變成了一種柔韌性相當好的又硬又不脆的材料。

在熱壓下可成為各種形狀的製品，當真可以用來做檯球。他將它命名為「賽璐珞」，現在亦稱為「雲石膜」。

檯球不是「賽璐珞」的終點

現在賽璐珞的用途是多種多樣的，遠遠超出了檯球桌的範圍。它能夠在水的沸點溫度下模塑成形；它可以在較低的溫度下被切割、鑽孔或鋸開；它可以是堅硬的團塊，也可以製成柔軟的薄片（可以用來做襯衫領子、兒童玩具等）。

更薄和更韌的薄片可以用作膠狀銀化合物的片基，這樣它就成了第一種實用的照相底片。現在它的最常見的用途就是做乒乓球，飾品頭飾，樂器裝飾和撥片。其它的用途是在化工、航太、機械、印染、建材、裝飾、包裝、化妝品、禮品包裝等多個領域。

莫 瓦桑的「點石成金」術

金剛石是一種貴重的寶石，深受人們的喜愛，人們將其加工成各式各樣的飾品，佩戴在身上。但天然的金剛石產量太少，滿足不了人們的需求，這時，有個人突發奇想，他想用自己的手把石頭變成「金子」，那麼就來看看他是怎麼做到的吧！

這個「異想天開」的年輕人就是藥店學徒出身的法國化學家莫瓦桑。

莫瓦桑看到天然金剛石「供不應求」時，就琢磨：能不能用人工製造金剛石來滿足人們的需要呢？那樣不就解決供求緊張的問題了嗎？於是，他在化學界同仁的異樣目光中，開始了艱難的探索。

但這談何容易！作為化學家，莫瓦桑心裡最清楚：「點石成金」這不過是美好的神話。要想製造金剛石首

先要弄清楚金剛石的主要成分並瞭解它是怎樣形成的。

　　之後，他尋找了很多關於金剛石的資料並研究，莫瓦桑瞭解到，金剛石的主要成分是碳。至於它是如何形成的，在這方面研究的成果很少，只有德佈雷曾提出金剛石是在高溫高壓下形成的。

　　緊接著莫瓦桑想到，要人工製造金剛石，得有可供加工的原材料。選什麼材料才合適呢？這讓他的研究陷入停滯狀態。

　　有一回，有機化學家和礦物學家查理·弗里德爾在法國科學院作了一個關於隕石研究的報告，莫瓦桑也參加了。在報告中，查理·弗里德爾說：「隕石實際上是大鐵塊，它裡面含有極多的金剛石晶體。」

　　聽到這兒，莫瓦桑猛地想到：石墨礦中也常混有極微量的金剛石晶體，那麼，在隕石和石墨礦的形成過程中，是否可以產生金剛石晶體呢？想到這裡，莫瓦桑頭腦中出現了製造人造金剛石的設想。他對助手們說：「金剛石的主要成分是碳。隕石裡含有大量金剛石，而隕石的主要成分是鐵。我們的實驗計畫是：把程式倒過去，把鐵熔化，加進碳，使碳處在高溫高壓狀態下，看能不能生成金剛石？」

　　之後，他設計了一種特殊的裝置，在熔化的鐵液中摻入少量的碳，使碳和鐵液混在一起，然後把燒紅的鐵

液一下子倒入冷水中，水立即產生了強烈的嘶鳴聲，一團團水蒸氣迅速升騰著。

熔化的鐵立即變成了固體，同時，內外產生了一股非常強大的壓力，使金屬鐵中的那些碳變成一顆顆很小的亮晶晶的結晶體，這就是人類歷史上最早的人造金剛石。人造金剛石不像天然的金剛石那樣有光澤，要黑一些，但硬度比一般的物質都強。

鑽石與毒蛇共舞

相傳西元前350年，馬其頓國王亞歷山大東征印度，在一個深坑中發現了鑽石，但是深坑內有許多毒蛇守護著，這些毒蛇可以在數丈遠的地方就使人斃命。

這讓亞歷山大頭疼，之後他命令士兵用鏡子折光（聚光），將毒蛇燒死，然後把羊肉扔進坑內，坑中的鑽石就會黏在羊肉上面，羊肉又引來了很多禿鷹，這些禿鷹連羊肉帶鑽石一起吃進腹內飛走後，士兵就追殺這些禿鷹，最後得到了鑽石。

從此，傳說毒蛇是金剛石的守護神。然而，毒蛇真是上帝派來守護金剛石的嗎？

事實上，鑽石與蛇共舞，其實靠的還是金剛石獨特

的魅力，這就是金剛石特有的螢光現象。金剛石受X光
或者紫外線的照射後會發光，特別是在黑暗的地方或夜
裡會發出藍、青、綠、黃等顏色的螢光。

　　這些螢光會吸引了許多有趨光性的昆蟲飛來，昆蟲
又引來大量的青蛙，而青蛙又招來許多毒蛇。環環相
扣，這就是有金剛石的深谷中多毒蛇的原因。

變身的工作服

夏季的一個下午，天下起大雨，下班了，別人都打著雨傘回家了。但麥金杜斯卻沒有帶傘，他站在廠房門口等待著雨停下來，天越來越黑，雨不但沒有停還越下越大，沒辦法，麥金杜斯只好拿起自己的工作服，往身上一穿，就衝了回家。

一到家，麥金杜斯就把工作服脫了下來，令他驚奇的事情發生了：裡面的衣服居然一點都沒濕，這是怎麼回事呢？麥金杜斯帶著疑惑拿起了那件工作服仔細端詳起來。

原來他的這件工作服已經穿了好長時間，上面濺了很多橡膠溶液，就好像塗了一層防水膠，雖然樣子難看，卻不透水，好奇的麥金杜斯又試驗一遍，連忙用勺子舀點水，往塗有橡膠液的地方滴，水不但沒有滲進

去，卻順勢滾了下來。

　　麥金杜斯靈機一動，找了一件衣服，把它全部塗上橡膠溶液做了一件雨衣。就這樣世界上第一件雨衣問世了。

　　橡膠主要分為天然橡膠和合成橡膠，合成橡膠的主要成分除樹脂外，還加入一定量的增塑劑、穩定劑、潤滑劑、色料等。

　　天然橡膠是由膠乳製造的，膠乳中所含的非橡膠成分有一部分就留在固體的天然橡膠中。一般天然橡膠中含橡膠烴92%～95%，而非橡膠烴占5%～8%。

會擦掉字跡的「流淚的樹」

　　橡膠一詞來源於印第安語cau-uchu，意為「流淚的樹」。天然橡膠就是由三葉橡膠樹割膠時流出的膠乳經凝固、乾燥後而製得。

　　1770年，英國化學家普里斯特利發現橡膠可用來擦去鉛筆字跡，當時將這種用途的材料稱為rubber，此詞一直沿用至今。

 孫悟空還強的「呼風喚雨」術

神話小說《西遊記》中，孫悟空可謂神通廣大、無所不能，尤其他那能隨時呼風喚雨的本領更讓人神往。實際上，在現代科技高速發展的資訊社會，呼風喚雨已經不再只是個神話。

自1946年，美國科學家文森特・謝弗爾發現了人工降雨的方法後，人工降雨技術迅速在全世界推廣開來。

有一年夏季，天氣非常熱，謝弗爾冒著酷暑在製冷器中做試驗。中午吃飯時，他敞開冷凍機的蓋子就離開了。午飯過後，他回到實驗室後，突然尖叫起來：「冷凍主機殼的溫度怎麼上升了？」

「哦，出去時製冷器的蓋子沒有蓋上，受周圍熱空氣的影響，冷凍箱的溫度就上升了。」謝弗爾自言自語地說。

於是，為了實驗繼續進行，他往製冷器內投入了一些乾冰（這乾冰並非水凍結的冰，而是二氧化碳的固體狀態，很像冬天壓結實的雪塊），以便將溫度迅速降下來。

在投入乾冰的同時，他正好向製冷器內哈了一口氣。然而，奇怪的現象出現了：製冷器內，在他哈出的氣體中，有一些細碎的碎片在閃閃發亮。這樣，人造雪便誕生了。

不久之後，謝弗爾讓助手駕駛一架農用飛機在雲層上空撒下大量的乾冰。無數的雪花就像天女散花似的飄飄然然從天而降，雪花落到謝弗爾的臉上時就化成了一個個小水滴。從此，人類走進了一個「耕雨播雨」的新時代。

事實上，人工降雨是根據雨水蒸氣受冷凝結的原理，用飛機、火箭等在天空中間向雲裡噴灑製冷劑，讓天空的水蒸氣迅速凝結成水滴，進而使雲層中間的小水滴增多，變大，而形成雨。

由於雨來自雲，有雲才有可能下雨。所以，人工降雨，必須借助一定的氣候條件：需要有大範圍的較厚雲層，同時，水氣也要比較充足。

快速成長的雪

你簡直不能相信你的眼睛，只是加點水在這個神奇的白色粉狀物上，不到一會兒就有所反應了。水慢慢變成白色蓬鬆的東西，看上去像真雪一樣。但這只是一種安全無毒的聚合體而已。

材料：

粉狀的人造雪、量杯、2個塑性混合料杯、水

實驗：

1. 用量杯量3克的粉狀人造雪，放入空混合杯上。

2. 第二個杯子放2盎司(60ml)常溫水。

3. 快速地把水倒入粉狀人造雪上，並盯著它產生的變化，不久雪就會長起來了。

4. 繼續用手摸一下，就像真雪一樣，這就是拍攝影片時用來做特別藝術效果的人造雪了。當然，等到水份蒸發後，就能恢復到原來的樣子，還可再次使用。

萬鏽叢中一點「亮」

現代家庭中，有很多用品都是不鏽鋼的，尤其是廚具，像刀子、鍋、盤子、勺子，等等。但是它們的原料是怎麼發明的呢？

第一次世界大戰期間，布諾萊受英國政府的委託，研製耐磨耐熱的槍膛鋼。自此以後，布諾萊苦苦研究，終於研製出了幾種合金，可是，很不理想，就把它倒進垃圾堆裡。日積月累，垃圾堆裡的這些廢品，竟鏽成了一團。

有一天，下了一場大雨，雨停之後，布諾萊便把一些廢棄物準備倒進垃圾堆裡，老遠看去，垃圾堆裡，那金屬團中，有一塊一點鏽跡都沒有的合金。

他欣喜若狂，急忙撿起來，看來看去。「為什麼一大堆合金中，偏偏就這一塊不生鏽呢？」帶著疑問，布

諾萊把它拿到實驗室進行化驗。結果表明,這塊合金中,含有比例很高的金屬鉻,也就是說,含有一定比例鉻的鋼是不會生鏽的。

　　為了進一步證實自己的觀點,他又把這塊合金放在水裡,還有酸、鹼溶液裡,進行觀察,卻沒有發現絲毫的被腐蝕現象。此後,不鏽鋼便誕生了。

最怕「氯離子」的不鏽鋼

　　雖然不鏽鋼不容易生鏽,但它最怕氯離子。不鏽鋼在氯離子存在下的環境中,腐蝕很快,甚至超過普通的低碳鋼。所以對不鏽鋼的使用環境有要求,而且需要經常擦拭,除去灰塵,保持清潔乾燥。

　　美國有一個例子:某企業用一橡木容器盛裝某含氯離子的溶液,該容器已使用近百餘年於是計畫更換,因橡木材料不夠現代。但在採用不鏽鋼更換後第16天,容器卻因腐蝕洩漏。

長 壽命的充氣燈泡

「少數服從多數」，「絕大多數同意原則」是我們一貫主張的原則，但有時候真理往往掌握在少數人手裡。化學家米蘭爾就打破常規，堅持了自己的想法結果獲得了成功。

用鎢絲做燈泡，通電後鎢絲很容易變脆，壽命也短。於是通用電器公司委託化學家米蘭爾攻克這個難題。

米蘭爾認為攻克它必須弄清楚鎢絲變脆的原因，後來經過研究米蘭爾發現這是由於鎢絲內的氣體雜質引起的。他提出建議：在高真空的條件下，加熱各種燈絲樣品，測定一下各種情況下所產生的氣體量。

實驗結果表明，米蘭爾的想法是正確的。沒有在真空條件下長時間加熱的燈泡，玻璃表面會慢慢放出水蒸氣，這些水蒸氣與燈泡內的鎢絲發生化學反應，產生氫

氣，還有燈泡接頭的地方，一些材料也會釋放出一些氣體，正是因為這類氣體的化學作用，才使鎢絲變脆，燈泡壁變黑，因而就降低了鎢絲燈的使用壽命。

這時，大家一致認為，只有進一步提高燈泡的真空度，才能最後解決難題。但是，米蘭爾的想法恰恰相反，他說：「把各種不同的氣體分別充入燈泡內，看看各種氣體和鎢絲會有什麼樣的反應。」

於是，米蘭爾分別把氧氣、氮氣、氫氣、水蒸氣、二氧化碳等氣體分別一次一次地充入燈泡，並採用高溫、低壓等不同的外界條件進行測試。

「你們看，在高溫下氮氣並不離解，許多蒸發出的鎢原子，撞擊到氮分子後，又回到了鎢絲上。」有一次，米蘭爾興奮地發現了氮氣與鎢絲之間的「祕密」，激動地說，「也就說，氮氣對鎢絲有保護作用，能使鎢絲壽命延長」。

經過四年的艱苦奮鬥，米蘭爾終於成功地製造了功率大、壽命長、效率高的充氣燈泡。後來，他又發明了以氬氣代替氮氣製成的小功率充氣燈泡。

延長燈泡壽命祕訣

1. 不要過於頻繁地開關燈的電源。

2. 不要讓燈泡連續發光太久。

3. 不要在接線板上並聯過多的電器。

4. 不要在燈開著的時候插拔電源，甚至轉下燈泡。

5. 不要把發熱的燈泡馬上拿到冷環境，反之亦然。

夢而獲得的苯分子

現在，我們知道苯分子的結構式是C_6H_6，但以前這可是道化學難題，它的結構式讓大化學家費盡周折卻徒勞無功。

令人納悶的是，一個夢竟然解決了這個難題。長期以來，德國化學家凱庫勒一直想把苯分子的結構式表達出來，可是，他苦思冥想，也沒有想出什麼結果，這道化學上的難題始終困擾著他。

一天夜裡，凱庫勒躺在床上，兩眼望著天花板，思索著這個問題，想著想著就進入了夢鄉。猛然間，在迷迷糊糊中，他恍惚看到了苯分子……那些調皮的原子在他眼前碰撞著，跳躍著，它們排列成像蛇一樣的形狀，時而伸直，時而彎曲，模糊不清地在眼前旋轉……突然，這條蛇用嘴咬住自己的尾巴，形成了一個圓圈，那

圓圈又在不停地旋轉，越轉越快，宛如一條金黃色的蛇，在燈光下狂歡亂舞……凱庫勒一下子從夢中驚醒過來，但夢中的情景還在他的眼前浮現……

「用一個六角形的環狀結構來表示苯分子不是很好嗎？」凱庫勒頭腦裡一下子萌生了這個想法。從此以後，苯分子有了一種固定的權威的表述方法。

苯的分子，是一種無色具有特殊芳香氣味的液體，能與醇、醚、丙酮和四氯化碳互溶，微溶於水，沸點為80.1℃。甲苯、二甲苯屬於苯的同系物，都是煤焦油分餾或石油的裂解產物。

目前室內裝修中多用甲苯、二甲苯代替純苯作各種膠、油漆、塗料和防水材料的溶劑或稀釋劑。

凱庫勒的事蹟

凱庫勒是德國有機化學家。1847年考入吉森大學建築系。1858年任比利時根特大學教授。

1875年被選為英國皇家學會會員，並獲開普勒獎，還被選為法國科學院院士和國際化學會會員。

凱庫勒在有機化學中的主要貢獻有：提出近代有機化學結構理論，進而結束了有機化學界理論方面的混亂

局面。其理論要點是：

1. 碳在形成化合物時總是四價的。

2. 碳原子間彼此可以相互連接成鏈狀的碳—碳鍵，它可以是單鍵、雙鍵或三鍵。

3. 瞭解有機化合物不但要知道它的分子式，同時必須知道它的結構式，這才能判定有機化合物的性質。提出苯是由單雙鍵交替而成的平面六角形環狀結構。這一結構較圓滿地解釋了苯的特殊性質——芳香烴，進而打開了芳香族研究的大門。

確定吡啶的化學結構，為雜環化學的研究奠定了基礎。

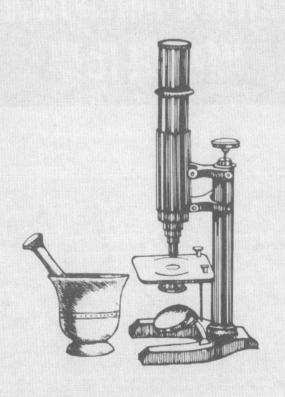

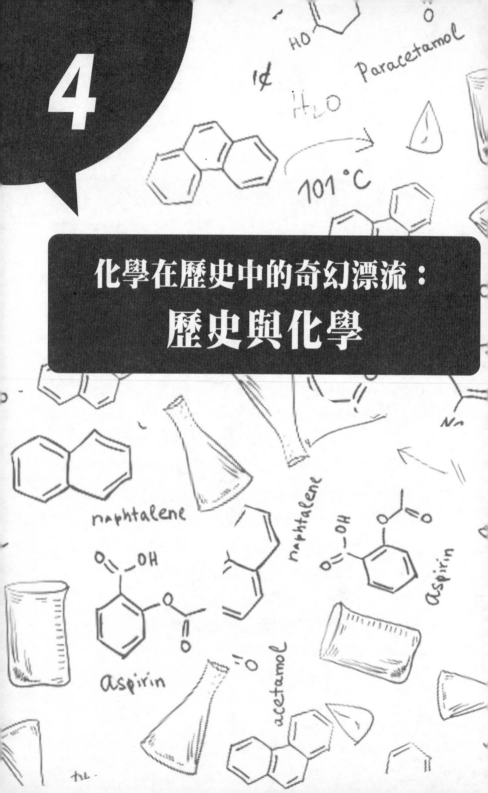

4

化學在歷史中的奇幻漂流：
歷史與化學

拿破崙的死因之迷

法國著名的軍事家拿破崙生前曾在戰場上指揮千軍萬馬，立下了赫赫戰功，所謂風雲一時，但是關於他的死因，在歷史上卻一直是個謎。

近一個世紀以來，世界各國輿論對拿破崙之死眾說紛紜，各抒己見。當時法國官方的死亡報告書鑒定為死於胃潰瘍，還有的人卻認為他死於政治謀殺，更有人論證他是在桃色事件中被情敵所謀害。

近年來，英國的科學家、歷史學家運用了現代科技技巧，採集了拿破崙的頭髮，並對其成分及含量進行了分析。

同時，他們又實地調查了當時滑鐵盧戰役失敗後放逐拿破崙的聖赫勒拿島，並獲得了當年囚禁拿破崙房間中的牆紙。經過研究，英國科學家發表了一個分析報

告，宣佈殺死拿破崙的兇手是砒霜。

砒霜的學名叫三氧化二砷，是一種可以經過空氣、水、食物等途徑進入人體的劇毒物。拿破崙死前並沒有吃過砒霜，也沒有人用砒霜謀害過他（因為食用砒霜立即會死亡，而拿破崙是在囚禁過程中生病死的），因此，當英國科學家在宣佈這個結論時，人們都感到十分意外。那麼，砒霜是如何使拿破崙中毒並死亡的呢？

原來，當年囚禁拿破崙的房間裡，四周牆壁上貼著含有砒霜成分的牆紙。在陰暗潮濕的環境下，牆紙會產生一種含有高濃度砷化物的氣體，以致使這間屋子裡的空氣受到污染，就這樣，日積月累，年復一年，最終使拿破崙中毒而死亡。

砒霜：既是毒藥也是良藥

砒霜！一聽到這個詞是不是有種毛骨悚然的感覺呢？奇怪的是為何有些醫生把它當作治病的靈丹妙藥呢？難道他們瘋了嗎？當然不是了！那是因為砒霜既是毒藥，又是治病良藥，下面就為大家揭開砒霜的「身世之謎」！

砒霜，會破壞細胞的呼吸，使組織細胞不能獲得氧

氣而死亡，不僅如此，它還會強烈刺激「胃腸先生」最寶貝的黏膜，使其潰爛、出血。雖然砒霜是劇毒，但是它也有「乖」的時候。

在中國，人們很早就認識到了砒霜的毒性，但根據以毒攻毒的原則，也有將砒霜用於治療某些疑難險惡的病症，獲得了出奇制勝的效果。《本草綱目》中就有「砒石解毒治瘫、爛肉，蝕瘀腐、瘰癧」的記載。在西方，藥師們也經常用砒霜來治療各種疾病。所以說，砒霜雖然很毒，但是運用恰當，它又會變成了治病的良藥。

鐵如泥的絕世寶劍

　　在武俠小說中，我們經常看到英雄人物手中的寶劍鋒利無比，甚至可以「削鐵如泥」，那麼，這是純屬誇張，還是有一定的道理呢？

　　「削鐵如泥」有點言過其實，但的確有的寶劍很鋒利，硬度比較高，那是因為在鑄劍時加入了很多種金屬物質。傳說在戰國時期，楚王想得到一柄絕世寶劍，命令干將及其妻子莫邪為他鑄劍。

　　干將本來想帶全家逃離以此推脫，但普天之下，莫非王土，又能去哪裡呢？無奈，干將「採五山之鐵精、六合之金英」，日日夜夜地鍛煉，用了整整三年時間，終於煉成兩把削鐵如泥的寶劍。

　　干將知道，楚王得到了舉世無雙的寶劍後，是不會放過他的，以免他再去給別人煉劍。於是，他把其中一

把埋在山上，另一把準備獻給楚王，臨行前，他把妻子、兒子叫到身旁，說這次去是凶多吉少，萬一有什麼不測，讓妻子一定要把兒子撫養成人，替自己報仇，並把埋劍的地址告訴了妻子。

果然不出干將所料，楚王得到劍後，就找了個理由把干將殺了。

16年後，干將的兒子長大成人，他謹記父親的囑託，挖出埋在山上的寶劍，為父親報了仇。

事實上，將難熔金屬如鎢、鉭、鈦、鉬等的碳化物硬質微粒與一種或幾種鐵族元素（鐵、鈷、鎳等）的粉末混合，然後壓制成型，再經燒結即可製得硬質合金。

製造這種硬質合金的碳化物原料非常堅硬，其硬度與金剛石難分伯仲。它的加入為硬質合金提供了極高的硬度，人們稱這些碳化物為硬質合金的基體。但是這種碳化物又很脆，不耐衝擊，為了克服這一弱點，冶金學家們加入了鐵族元素來降低合金的脆性，人們稱這些鐵族元素為黏結劑。

用這種硬質合金製成的切割刀具，在切削一般金屬時，速度達到了每分鐘幾十甚至幾百米，堪稱「削鐵如泥」。

寶劍中的稀有元素

1965年，中國大陸的考古工作者在湖北江陵發掘了戰國時期的一柄古劍。這柄古劍已經長埋地下2000多年，依然光芒四射、鋒利無比，令人驚歎。

據考證，這柄古劍是越王勾踐用過的，具有很高的文物價值。科學家們運用先進的檢測方法對這把劍進行了檢測，結果發現劍所含的元素高達9種之多，有的還是稀有元素。

故 宮「鬧鬼」的祕密

們都知道世界上沒有鬼，所謂的鬼故事都是自己嚇唬自己，可有人的的確確在故宮附近看見了以前的宮女，很恐怖吧！也許家在北京的人，小時候經常會聽到老人說起故宮「鬧鬼」的故事：

某個夏天的夜晚，電閃雷鳴，有一個人從故宮附近的夾牆走過，突然發現遠處有一對打著宮燈的人，後面還跟著一個宮女，這下可把他嚇壞了，腿都不聽使喚了，癱坐在地上，直到燈光看不見了，才從另一條道路一步一步地挪回家了。

後來他跟別人講起這件事，老人都說是因為那人的陰氣重，找個道士好好作法一下可能就好了。

其實故宮能看見宮女是有科學依據的，因為宮牆是紅色的，含有四氧化三鐵，而閃電可能會將電能傳導下

來，如果碰巧有宮女經過，那麼這時候宮牆就相當於錄影帶的功能，如果以後再有閃電巧合出現，可能就會像錄影放映一樣再出現一遍。

　　四氧化三鐵，黑色鐵磁性固體，常溫下比較穩定，加熱分解生成三氧化二鐵和氧氣。由鐵絲在純氧中燃燒得到，或直接利用自然界的磁鐵礦。溶於強酸生成鐵鹽和亞鐵鹽，加熱時能被氫氣或一氧化碳還原成鐵或氧化亞鐵。

重要的鐵的化合物

　　氧化鐵Fe_2O_3是咖啡色的，常用的棕色顏料便是它（顏色深淺與粉末粗細有關）。氧與鐵的化合物還有兩種——氧化亞鐵FeO是黑色的，而四氧化三鐵Fe_3O_4也是黑色的，但表面閃著藍光。

　　時鐘的針、發條表面常是黑中透藍，便是表面經過「發藍處理」——用化學方法使表面生成一層緻密的四氧化三鐵可以防鏽。

　　硫酸亞鐵$FeSO_4$本是白色的粉末，但常見的硫酸亞鐵晶體通常是淺綠色的，那時因為含有結晶水的緣故$FeSO_4 \cdot 7H_2O$。所以硫酸亞鐵的俗名便叫「綠礬」。綠礬是十分重要的無機農藥，也是製造藍黑墨水的主要原料。

在溶液裡的「金質獎章」

金、鉑的化學性質不活潑，不易被硫酸、硝酸等溶液氧化，但有一種溶液卻可以氧化它，那就是王水。

化學課上，老師講了一個非常有意思的故事：

第二次世界大戰中，德國法西斯佔領了丹麥，下達了逮捕著名科學家、諾貝爾獎獲得者玻爾的命令。玻爾被迫離開自己的祖國，為了表示他一定要返回祖國的決心和防止諾貝爾金質獎章落入法西斯手中，他機智地將金質獎章溶解在一種特殊的液體中，在納粹分子的眼皮底下巧妙地珍藏了好幾年，直至戰爭結束，玻爾重返家園，從溶液中還原提取出金，並重新鑄成獎章。

突然，老師停住了，問同學們：「你們知道這是什麼溶液嗎？」只見有的同學搖頭，有的同學思索，這

時，酷愛化學的小豐站起來說：「是王水。」

「嗯，回答得非常正確。」原來，小豐以前從表哥那裡聽說過王水的「威力」。

能溶解金的王水

王水是由1單位體積的濃硝酸和3單位體積的濃鹽酸混合而成的（嚴格地說是在製取混酸所用的溶質HNO_3和HCl的物質的量之比為1：3）。

王水的氧化能力極強，曾被認為是酸中之王（直到超強酸的發現，才知道王水是小巫見大巫）。一些不溶於硝酸的金屬，如金、鉑等都可以被王水溶解（鉑必須被加熱才能緩慢反應）。

由於金和鉑能溶解於王水中，人們的金鉑首飾（黃金）在被首飾加工商加工清洗時，常會在不知不覺中被加工商用這種方法偷取，進而損害消費者的利益。

女神名字冠名的寶貝

1830年，瑞典化學家塞夫斯德朗正在研究一種鐵礦，發現這種鐵礦石與其他的鐵礦石不同，它含有一些金屬化合物表現為多種顏色，其中以紅色最為顯著。

44歲的塞夫斯德朗，具有豐富的工作經驗和一絲不苟的鑽研精神。面對這種特殊的現象，他立刻想到：「這些是金屬化合物的元素？」

於是，塞夫斯德朗緊緊抓住這個現象不放，開始進行深入研究。他首先從這種鐵礦石中提煉出「鐵」，結果卻發現這並不特殊。

「這裡面肯定還含有其他成分，還可以進一步提煉。」塞夫斯德朗興奮起來，他似乎已經看到了成功的希望。

　　經過一系列的化學分析，塞夫斯德朗終於從「鐵」中提煉出一種黑色的金屬粉末。它究竟是什麼呢？塞夫斯德朗想到有色金屬都是能溶於酸的。

　　如果這種金屬粉末也溶於酸，那它很可能是已發現的有色金屬中的一員。

　　不過，這些有色金屬中也沒有黑色的呀！如果……塞夫斯德朗沒有再往下想，他立即取出少量的黑色粉末放在容器裡，再注入酸液。

　　他專注地觀察著溶液中黑色粉末的變化，半小時過去了。一小時過去了，塞夫斯德朗驚喜地看到，溶液中的黑色粉末依然是那樣的清晰：它不溶於酸！

　　「難道我真的發現了一種新的元素？」塞夫斯德朗幾乎不敢相信眼前的事實。

　　這時，他想到了他的老師──化學界公認的權威，瑞典化學家柏濟力阿斯。塞夫斯德朗帶著這些黑色粉末激動地來到老師面前，向他詳細地彙報了自己的發明和研究的過程。

　　經過柏濟力阿斯的確證，這黑色的金屬粉末確實是一種新的元素。

　　「該取個什麼名字呢？」塞夫斯德朗突然想到小時候古希臘神話中的女神──凡娜迪絲，於是就用女神的名字來給這種金屬元素命名──釩。

釩的毒性一面

金屬釩在鋼鐵、化工等方面的應用越來越廣泛。同時釩礦開採、釩礦石冶煉以及含釩豐富的燃料油和煤的燃燒等都大大增加了環境中釩的含量，造成環境污染。

大量接觸五氧化二釩粉末會影響人類的健康甚至出現中毒症狀。

釩中毒的程度取決於釩的化學形式、價態、中毒途徑以及接觸劑量等因素。金屬釩的毒性很低，但釩的化合物對人和動物有中度到高度的毒性。釩化合物的毒性隨釩化合物的價態增加和溶解度的增大而增加，五價釩化合物的毒性比三價釩化合物的毒性要大幾倍，V_2O_5和它的鹽類是最毒的。

另外，食物中鋅含量增大可加重釩的毒性。動物實驗表明，釩中毒程度隨侵入途徑不同而不同，注射釩化合物時毒性最大，口服毒性最低呼吸道進入居中。此外，釩鹽注射液的pH對毒性也有影響，pH增加，毒性增大。

捷列夫手中的撲克牌

在19世紀中葉，人們已經發現了63種化學元素。法國、英國、德國等國的科學家們都在探索這些元素的內在聯繫，這個時候，門捷列夫也在俄國為尋找元素之間的規律而艱苦地探索著。

有一天，家裡幾個僕人在一起玩撲克牌。撲克有黑桃、紅桃、方塊、草花四個花色，它們可以按照2、3、4……10、J、Q、K、A的序列進行排列，也可以分別進行組合。

門捷列夫似乎從撲克牌上得到了啟發。「化學元素能不能像撲克牌一樣進行排列組合，然後對它們的性質進行研究呢？」

想到這兒，門捷列夫似乎茅塞頓開。他用厚紙做了許多小卡片，上面寫出元素名稱、符號、質子量、化學

反應式及其主要性質。這類似於一副撲克牌。

　　以後的幾個月中，不論走到哪兒，門捷列夫都隨身攜帶這副撲克牌，有空的時候就玩起撲克牌來，不斷地進行各種排列組合，尋找它們可能存在的內在規律。

　　一天晚上，門捷列夫一直工作到了凌晨，而早上他還要到外地去辦事。

　　「先生，來接你的馬車已經等候在門口了。」大約六點半的時候，僕人安樂走進了書房對他說。

　　「把我的行李整理好，搬到車上去。」門捷列夫一邊應答著，一邊還在排列他的撲克牌，這時他似乎已經有點眉目了，但又不能準確地排列起來。

　　他還想試試看。過了片刻，安東又走了進來：「先生，得趕快走了，否則要誤點了。」

　　在安東的催促聲中，門捷列夫突然來了靈感，他拿起一張白紙，在上面畫了起來，並迅速排列出各種元素的位置。

　　幾分鐘之後，一個偉大的發現──世界上第一張元素週期表產生了。

巧記元素週期表

1～20號元素

我是氫，我最輕，火箭靠我運衛星；

我是氦，我無賴，得失電子我最菜；

我是鋰，密度低，遇水遇酸把泡起；

我是鈹，耍賴皮，雖是金屬難電離；

我是硼，有點紅，論起電子我很窮；

我是碳，反應慢，既能成鏈又成環；

我是氮，我阻燃，加氫可以合成氨；

我是氧，不用想，離開我就憋得慌；

我是氟，最惡毒，搶個電子就滿足；

我是氖，也不賴，通電紅光放出來；

我是鈉，脾氣大，遇酸遇水就火大；

我是鎂，最愛美，攝影煙花放光輝；

我是鋁，常溫裡，濃硫酸裡把澡洗；

我是矽，色黑灰，信息元件把我堆；

我是磷，害人精，劇毒列表有我名；

我是硫，來歷久，沉澱金屬最拿手；

我是氯，色黃綠，金屬電子我搶去；

我是氬，活性差，霓虹紫光我來發；

我是鉀，把火加，超氧化物來當家；

我是鈣，身體愛，骨頭牙齒我都在；

20號元素之後

我是鈦，過渡來，太空梭由我來蓋；

我是鉻，正六鉻，酒精過來變綠色；

我是錳，價態多，七氧化物爆炸猛；

我是鐵，用途廣，不鏽鋼喊我叫爺；

我是銅，色紫紅，投入硝酸氣棕紅；

我是砷，顏色深，三價元素奪你魂；

我是溴，揮發臭，液態非金我來秀；

我是銣，鹼金屬，沾水煙花鉀不如；

我是碘，昇華煙，遇到澱粉藍點點；

我是銫，金黃色，入水爆炸容器破；

我是鎢，高溫度，其他金屬早嗚呼；

我是金，很穩定，扔進王水影無形；

我是汞，有劇毒，液態金屬我為獨；

我是鈾，濃縮後，造原子彈我最牛；

我是鎵，易融化，沸點很高難蒸發；

我是銦，軟如金，輕微放射宜小心；

我是鉈，能脫髮，投毒出名看清華；

我是鍺，可晶格，紅外窗口能當殼；

我是硒，補人體，口服液裡有玄機；

我是鉛，能儲電，子彈頭裡也出現。

破崙戰敗有新解

拿破崙是一位傳奇人物，在世界各地都擁有一大批崇拜者。英國前首相邱吉爾曾經這樣評價拿破崙「這世界上沒有比他更偉大的人了」。

這位軍事天才一生之中都在征戰，曾多次創造以少勝多的著名戰例，然而，1812年的一場失敗卻讓法蘭西第一帝國一蹶不振並逐漸走向衰亡。

加拿大卡普蘭諾學院科學藝術系系主任、著名化學家潘尼‧萊克托在其新著《拿破崙的紐扣：改變世界歷史的17個分子》中提出新解，變成粉末的紐扣是導致拿破崙60萬大軍覆沒的罪魁禍首。

1812年5月9日，在歐洲大陸上取得了一系列輝煌勝利的拿破崙離開巴黎，率領浩浩蕩蕩的60萬大軍遠征俄羅斯。

法軍憑藉先進的戰法、猛烈的炮火長驅直入，在短短的幾個月內直搗莫斯科城。然而，當法國人入城之後，市中心燃起了熊熊大火，莫斯科城的3/4被燒毀，6000多幢房屋化為灰燼。

　　俄國沙皇亞歷山大採取了堅壁清野的措施，使遠離本土的法軍陷入糧荒之中，即使在莫斯科，也找不到乾草和燕麥。

　　幾周後，寒冷的空氣給拿破崙大軍帶來了致命的詛咒。更神奇的是一夜之間拿破崙大軍士兵衣服上的紐扣竟然不見了，由於衣服上沒有了紐扣，數十萬拿破崙大軍在寒風暴雪中形同敞胸露懷，許多人被活活凍死，很多士兵裹著女人的斗篷、奇怪的地毯碎片或者燒滿小洞的大衣，但也難逃死亡的命運。

　　那麼，是誰「偷」走了紐扣呢？原來拿破崙征俄大軍的制服上，採用的都是錫制紐扣，而在寒冷的氣候中，錫制紐扣會發生化學變化成為粉末。在饑寒交迫下，1812年冬天，拿破崙大軍被迫從莫斯科撤退，沿途60萬士兵被活活凍死，到12月初，60萬拿破崙大軍只剩下了不到1萬人。

　　錫是一種堅硬的金屬，有3種同素異形體，即白錫、脆錫和灰錫。通常錫是一種銀白色金屬，在13.2℃以上，就會變得更堅硬和穩定，然而白錫在氣溫下降到

13.2℃以下時，變成另一種結晶形態的灰錫。

　　首先，錫金屬上會出現一些粉狀小點，然後會出現一些小孔，最後錫金屬的邊緣會分崩離析。如果溫度急劇下降到零下33℃時，就會產生「錫瘟」，晶體錫會變成粉末錫。

　　現在科學家已經找到了一種預防「錫瘟」的「注射劑」，其中一種就是鉍。鉍原子中有多餘的電子可供錫的結晶重新排列，使錫的狀態穩定，所以消除了「錫瘟」。

化學 1 + 1

不翼而飛的罪魁禍首

　　1867年的冬天，俄國彼得堡十分寒冷，達零下38℃。這一年冬天俄國彼得堡海軍倉庫裡發生了一件怪事：堆在倉庫內的大批錫磚，一夜之間突然不翼而飛，留下來的卻是一堆一堆像泥土一樣的灰色粉末。

　　同一年的冬天，從倉庫裡取出軍大衣發給俄國士兵穿時，發現紐扣都不見了，再仔細看看，原來紐扣處也有著一些灰色粉末。

　　1912年，英國探險家斯科特率領一支探險隊帶了大量給養，包括液體燃料去南極探險，一去就杳無音信，

後來發現他們都凍死在南極。

　　原來，斯科特一行在返回的路上發現，他們的第一個儲藏庫裡的煤油已經不翼而飛。沒有煤油就無法取暖，也無法熱點東西吃。

　　好不容易克服千難萬險，又找到了另一個儲藏庫，可是那兒的煤油桶同樣是空空的，鐵桶同樣有裂縫，顯然煤油都是由於鐵桶漏了而流失掉的。後來科學家們經過反覆研究終於發現了其中的奧妙，原來盛煤油的鐵桶是用錫焊的，當錫變成粉末時，煤油就順著縫隙流出去了。

然橡膠──哥倫布帶回的新奇物品

哥倫布是西班牙著名的航海家，也是地圓說的信奉者。

1492年，哥倫布受西班牙國王派遣，率領三艘百十來噸的帆船，從西班牙巴羅斯港揚帆出大西洋，直向正西航去。經過了70晝夜的艱苦航行，終於發現了新大陸。

1493年，哥倫布重遊新大陸時，來到了加勒比海附近的海地島，上島後，哥倫布看見一群小孩子在玩遊戲，只見他們把一個黑色的小圓球扔來扔去，圓球落地後還會彈得很高，這讓他覺得非常有趣，於是他也玩了玩，的確，這種小球球很富有彈性。回西班牙時，哥倫布順便也把它帶回來了。

當時人們不知道那是什麼東西，只知道是哥倫布帶回來的新奇物品。直到後來人們才知道那是一種天然的

橡膠。

天然橡膠是由人工栽培的三葉橡膠樹分泌的乳汁，經凝固、加工而成，其主要成分為聚異戊二烯，含量在90%以上，此外還含有少量的蛋白質、脂酸、糖分及灰分。天然橡膠按製造工藝和外形的不同，分為煙片膠、顆粒膠、縐片膠和乳膠等。

天然橡膠是重要的工業生產原料和戰略物資，它是橡膠樹上採集的樹膠經過過濾、凝固製成，天然橡膠被廣泛應用於輪胎膠帶、輸送帶、醫療用品及儀器工業。

古德伊爾的研究

古德伊爾出生在美國康涅狄格州的紐黑文市，古德伊爾30歲前曾幫助父親經營五金業，後來破產，於是他改行製作和改良橡膠產品。

一次，古德伊爾用橡膠和青銅製品配在一起製作裝飾品時，青銅製品則發生裂口。為了除去橡膠中的青銅渣，他將橡膠整塊放在硝酸中熱煮，以便使青銅溶出，但意外的是此時橡膠的黏性沒有了。這次偶然事件中的發現，開拓了用硝酸改進橡膠品質的方法。

1839年2月，他將橡膠和硫黃與松節油混溶在一起，

　　將其倒入帶把的鍋內，邊拿著鍋邊和朋友交談，突然鍋從手中脫落，鍋中的混合物即掉在燒得通紅的爐子上，這一塊橡膠本應受熱後溶化，但並未溶化，卻保持原態而燒焦。他認為這種燒焦的過程，如果在適當的時候能予以制止的話，那一定會形成不黏的橡膠混合物。

　　後來進行了多次試驗，他確立了橡膠加硫的新方法。

青黴素——二戰中的三大發明之一

青黴素的發明生產使用在二次大戰期間挽救了千百萬人的生命，被公認為與原子彈、雷達並列的第三個重大發明。

一天下午，英國醫學家弗萊明在化驗室裡埋頭研究流行性感冒時，由於蓋子沒蓋好，他發現培養葡萄球菌的器皿上長了黴毛。原來，是某些天然黴菌偶然落入器皿裡造成的。

出於醫學家的敏感，弗萊明仔細地觀察起來，他驚奇地發現，在黴毛的四周卻沒有任何細菌生存！這一發現使他興奮不已。於是，他把這種從「天」上掉下來的黴小心翼翼地取出來研究。經過許多次試驗，終於培養出了液態黴，並把它命名為「青黴素」。就這樣，弗萊明發現了葡萄球菌的剋星——青黴素。

後來，第二次世界大戰開戰了，從前線下來的成百上千個傷患受到了病菌的感染，有很多人甚至是命在旦夕。這時候，英國牛津大學的生物化學家錢恩和病理學家弗羅里，對弗來明的青黴素繼續進培養、分離和純化，使它的抗細菌能力提高了幾千倍，並製成了白色的粉末，不僅搶救了許多傷患，也拯救了千百萬個肺炎、腦膜炎患者的生命。

爛西瓜變成寶

一天，弗洛里下班後在實驗室大門外的街上散步，見路邊水果店裡擺滿了西瓜，他走進了水果店。看見櫃檯上放著一顆被擠破了的西瓜，幾處已經潰爛瓜皮上面長了一層綠色的黴斑。

弗洛里對老闆說：「我要這一個。」說著，弗洛里付完錢，捧著那個爛瓜走出了水果店。

回到實驗室後，立即從瓜上取下一點綠黴，開始培養菌種。不久，實驗結果出來了，他從爛西瓜裡得到的青黴素，竟從每立方公分40單位一下子猛增到200單位。

1943年10月，弗洛里和美國軍方簽訂了首批青黴素生產合同。青黴素在二戰末期橫空出世，迅速扭轉了盟

國的戰局。

　　戰後，青黴素更得到了廣泛應用。因這項偉大發明，弗洛里和弗萊明、錢恩共享了1945年的諾貝爾生物及醫學獎。

5

可怕的戰爭兵器：
軍事化學

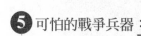

有記憶力功能的金屬

太空船在太空中依靠無線電聯繫地球，可是那天線足有十幾米，它是怎麼被運到太空的呢？這是因為金屬的記憶力。

有一次，巴克勒做試驗，他讓助手去拿一些鎳鈦合金絲。當史密斯中士來到倉庫一看，發現倉庫裡面鎳鈦合金絲已經用完了。他到處找了一下，才在倉庫的角落看到一些剩下的鎳鈦合金絲，那些鎳鈦合金絲沒有一根是筆直的，史密斯中士就把這些剩下的東西拿來了。

「這怎麼能用呢？要先拉直吧！」史密斯中士把這些鎳鈦合金絲拉直以後，放在壁爐上邊的一個檯子上就離開了。

當巴克勒先生要用這些鎳鈦合金絲的時候，走到檯子邊一看，這些鎳鈦合金絲又變得彎彎曲曲。巴克勒先

生很納悶：剛才史密斯把這些鎳鈦合金絲都拉直了啊，真是奇怪！這時史密斯看到這一景象，也覺得很奇怪。

史密斯中士只得再做一次拉直鎳鈦合金絲的動作，當他拉好以後，他又將這些金屬放到了那個檯子上。

當史密斯中士轉過身做了點別的事情以後，再回到檯子邊，看到剛才拉直的鎳鈦合金絲又變成彎彎曲曲了。巴克勒先生也發現了這一情況。這是為什麼？他走到鎳鈦合金絲的旁邊，看到周圍並沒有什麼不一樣，他再試了一下看看是不是磁場作用的結果，但實驗下來周圍根本沒有磁場。這是什麼原因呢？

當他用手摸了摸放金屬的檯子，發現檯子很燙，難道是溫度在作怪嗎？巴克勒先生決定親自試一試。他把金屬一根一根地拉直，然後又把它們放到檯子上，結果和剛才一樣。

他又將這些鎳鈦合金拉直放到另外一個地方，發現放在高溫地方的鎳鈦合金絲會彎曲的如原來一樣，而放在其他地方的這些金屬並不會彎曲。為此巴克勒教授發現了一個非常重要的科學現象：合金在上升到一定的溫度的時候，它會恢復到原來彎曲的狀態。

鎳鈦合金具有記憶力，那麼其他的金屬有沒有記憶力呢？巴克勒教授並沒有放過對其他事物研究的機會，他做了許多實驗，最後他發現合金大都具有記憶力。後

來，人們把它用到了軍事上。

　　鎳鈦合金在40度以上和40度以下的晶體結構是不同的，但溫度在40度上下變化時，合金就會收縮或膨脹，使得它的形態發生變化。

　　這裡，40度就是鎳鈦記憶合金的「變態溫度」。各種合金都有自己的變態溫度。一般情況下，形狀記憶合金可以分為三種：單程記憶效應，雙程記憶效應和全程記憶效應。

儲氫合金：既能製冷又能製暖

　　儲氫合金具有強大的本領，既能製冷又能製暖。夏天，太陽光照射在鑭鎳儲氫合金上，由於陽光帶有熱量，它便吸熱放出氫氣儲存在氫氣瓶裡。

　　吸熱使周圍空氣溫度降低，起到空調製冷的效果。到冬天，鑭鎳儲氫合金又吸收夏天所儲存的氫氣，放出熱量，這些熱量就可以供房間取暖了。

魔成了火箭的「門衛」

軍事上，火箭噴火口的溫度達幾千度之多，一般的東西是經不住這麼高的溫度的「磨煉」，那麼火箭噴火口的「門衛」會是什麼呢？是「妖魔」，難以置信吧！但事實確實如此。

軍事上，發射衛星的火箭推進器，裝的是一種固體燃料，燃燒時溫度高達5000多度，進而產生強大的動力，把衛星送上太空。

那麼，裝這些燃料的火箭外殼又是用什麼材料來製造的？木頭不行，塑膠不行，玻璃不行，鋼鐵也不行，充當這一重任的是金屬陶瓷。燒製陶瓷時，加了20%的金屬鈷，製成金屬陶瓷，就能勝任火箭噴火口的「門衛」。

隨著燃料不斷燃燒，溫度不斷升高，陶瓷中的金屬

鈷不斷揮發，也帶走了一些熱量。當金屬鈷快要揮發光了，火箭的燃料也就燒盡滅絕，整段火箭脫落，另一級火箭開始噴氣燃燒。這樣，一級接著一級，把衛星或太空船送上了太空。

鈷的元素名源於德文，原意是妖魔。鈷在自然界分佈很廣，但在地殼中的含量非常少。鈷礦主要有輝鈷礦、方鈷礦等。鈷產量的80%用於生產各種合金，它們在耐熱性、耐磨損、抗腐蝕等方面有比較好的性質；鈷用來生產永磁性和軟磁性合金。

人工放射性同位素鈷60可代替X射線，也用來治療癌症；鈷化合物用於顏料、催乾劑、催化劑和陶瓷釉料等。

青花：鈷元素的功勞

它在中國古瓷上最早的運用是在西晉晚期。青花，是以鈷元素為著色劑，在陶瓷坯表面繪製紋飾，經罩釉、入窯焙燒後而呈現青顏色的花紋。

鈷元素分兩種，一種是礦物鈷，另一種是氧化鈷。1735年瑞典化學家布蘭特首次分離出鈷，1780年伯格曼將鈷列入化學元素表。因此，在1735年之前中國古瓷器

上使用的鈷元素應為礦物鈷。

　　礦物鈷呈黑色塊狀和顆粒狀，經磨碎加工成液體後成為一種著色劑。它能耐1200度以上的高溫，用氧化焰時青花色澤灰暗，用還原焰時青花色澤鮮豔，如不經高溫焰燒乃為原本黑色。

膠的同宗同族「兄弟」

離子交換樹脂是一種人工合成的有機化合物，製造方法與塑膠基本上相同，所以被稱作塑膠的同宗同族「兄弟」。那麼你知道它有什麼作用嗎？和塑膠的作用是否一樣呢？

有一次，一位軍事專家來某中學給同學們講授軍事知識。軍事專家講的都是同學們未聽過的，所以同學們都聽得認認真真。

專家說：「輪船在海上航行，有時需要幾個月，甚至一年才能到達目的地，所以，輪船出海前都要備足淡水和食物。而有的軍艦卻只儲備食物，而不儲備淡水，你們知道這是為什麼嗎？」同學們都搖搖頭。

專家接著說：這是因為軍艦上有特殊裝置，能把海水淡化。他們利用離子交換樹脂，將海水中的鈣、鎂等

鹽類的離子交換出來，使水淡化，這樣飲用起來比較方便。所以，有的軍艦即使航行很長時間也不儲備淡水。

高吸水性樹脂選用含有親水基的單體，如含羧基、羧酸鹽基、醯胺基等乙烯基單體與澱粉等天然多羥基物質進行接枝共聚合反應。

高吸水性樹脂的用途主要有：

1、建築用防滲堵漏劑。

2、油水分離劑。樹脂可把油中分散的水分除去。

3、土壤保水、保溫劑。在開發中國大陸大西北時，有人在牛皮紙袋內壁塗上一層高吸水性樹脂，袋內裝保水性差的黃土，做成植樹袋，埋入土坑，樹植在紙袋內，澆一桶水，樹成活率為100％。如不用植樹袋，樹成活率僅10％。

4、作緩釋藥或緩釋化肥的載體。

5、製作留香材料。

保存妙法

離子交換樹脂不能露天存放，存放處的溫度為0～40℃，當存放處溫度稍低於0℃時，應在包裝袋內加入澄清的飽和食鹽水、浸泡樹脂。

此外，當存放處溫度過高時，不但使樹脂易於脫水，還會加速陰樹脂的降解。一旦樹脂失水，使用時不能直接加水，可用澄清的飽和食鹽水浸泡，然後再逐步加水稀釋，洗去鹽分，貯存期間應使其保持濕潤。

酸巧反應，蛋中藏情報

醋酸又叫乙酸，是一種無色的有強烈的刺激性氣味的液體，乙酸是人類最早使用的一種酸，它的用途很廣，它可以用來調味，是一種重要的化工原料，還可用於生產醫藥、農藥等。然而，除此之外，它在戰爭年代，還為傳送情報作出過重要的貢獻。

在第一次世界大戰中，索姆河前線德法交界處法軍哨兵林立，對過往的行人盤查的非常嚴格，想往外界帶出資訊是不可能的事。

有一天，有位拷籃子的德國農婦在過邊界時受到盤查，籃內都是雞蛋，從表面上看沒有可疑之處。正在此時，一個哨兵順手抓起一顆雞蛋無意識地向空中拋去，又把它接住，這一無心之舉讓那位農婦立即變得緊張起來。

　　這種緊張的情緒引起了哨兵長的懷凝，他們立刻仔細的盤查這些雞蛋，並煮熟了這些雞蛋，令哨兵們沒有想到的是，蛋清上佈滿了字跡和符號。

　　原來，這些是英軍的詳細佈防圖，上面還注有各師旅的番號。這個方法是德國的一位化學家給情報人員提供的，其做法非常簡單：就是用醋酸在蛋殼上寫字，等醋酸乾了以後，表面上看並沒有任何痕跡。但經過處理後，字跡便會奇蹟般地透過蛋殼印在蛋清上。這是什麼原因呢？這主要是醋酸與其它物質反應的結果。

　　雞蛋殼的主要成分是碳酸鈣，用醋酸寫字時，醋酸與雞蛋殼碳酸鈣發生了反應，並生成了醋酸鈣，然後醋酸滲入蛋殼，和雞蛋清發生反應。

　　雞蛋清是可溶性蛋白質，它不穩定，在受熱、紫外線照射或化學試劑如硝酸、三氯乙酸等作用下，會發生蛋白質凝固，變性。滲入的醋酸，與雞蛋清發生反應，在蛋清上留下了特殊的痕跡，待雞蛋煮熟後就會有清晰可認的字跡來。

瓶裝雞蛋

準備：

1. 1個新鮮的雞蛋。

2. 一些醋

3. 1個杯子

4. 1個大口的瓶子

實驗操作：

1. 把雞蛋在醋裡浸泡2天，雞蛋和原來沒什麼兩樣，只是雞蛋殼變得又薄又軟。

2. 把雞蛋擠到大口的瓶子裡，你可以讓別人猜猜你是怎麼把雞蛋放進去的。

答案：

是因為醋裡的酸把雞蛋殼中的鈣溶解了。

超 級防毒的「豬頭面具」

1915年，德軍與英法聯軍在比利時相持不下。喪心病狂的德軍施放了大量的氯氣。

這次毒氣戰，給英法聯軍造成了重大的傷亡。英、法、俄等協約國立刻組織了最優秀的化學專家、醫生趕赴戰場，研究對策。

在調查中，俄國的化學家澤林斯基發現，雖然同在前線陣地，有的士兵死了，有的士兵卻能倖存下來，這又是為什麼呢？原來，當毒氣來臨時，這些倖存的士兵用軍大衣捂住了頭。

這時候，澤林斯基發現，許多動物也相繼中毒死亡，只有野豬奇蹟般地倖存下來，因為野豬特別喜歡用嘴巴拱地，一旦嗅到強烈的刺激氣味時，它就把嘴巴拱進地裡，來躲避刺激，因此免受一難。

明白了這些，澤林斯基開始進行研究試驗，最後做成了一種具有很好的防毒效果的「活性炭」，因為，這很大一部分得益於那頭倖存的野豬的啟發，所以澤林斯基把防毒面具做成豬頭形狀。

活性炭是一種多孔的含碳物質，其發達的空隙結構使它具有很大的表面積，所以很容易與空氣中的有毒有害氣體充分接觸，活性炭孔周圍強大的吸附力場會立即將有毒氣體分子吸入孔內，所以活性炭具有極強的吸附能力。空氣淨化活性炭亦是一種國際公認的高效吸附材料。

你肯定不知道的防毒趣聞

1.第一個防毒面具是用浸過尿的清潔布做的（尿裡的水能吸收氣體）。

2.防毒面具吸收的氣體最後都附著在木炭層。

3.1975年巴蒂萊彼達斯博士根據這種方法發明了吸汗鞋墊，木炭像防毒面具一樣把腳臭吸收了。

酸：揭開了一戰中的一個謎

$\quad$**硝**酸不僅是工農業生產的重要化工原料，而且也是製造炸藥的重要戰爭物資。當初製造硝酸的方法是普通硝石法，即是硝石與硫酸反應，來製取硝酸的。但是硝石的貯量有限，因此硝酸的產量受到限制。

早在1913年之前，人們發現德國有挑起世界大戰的可能，便開始限制德國進口硝石。以為這樣世界會太平無事了。

然而，1914年德國終於發動了第一次世界大戰，人們又錯誤地估計，戰爭頂多只會打半年，原因是德國的硝酸不足，進而火藥生產會就受到了限制。

由於人們的種種錯誤分析，使得第一次世界大戰蔓延開來，戰爭一打就打了四個多年頭，造成了極大的災

難，奪去了人們無數的生命財產。然而德國為什麼能堅持這麼久的戰爭呢？是什麼力量在支持著它呢？這就是化學，德國人早就對合成硝酸進行了研究。

1908年，德國化學家哈柏首先在實驗室用氫和氮氣在600℃、200大氣壓下合成了氨，產率雖只有2％，這也是一項重大的突破。

後由布希提高了產率，完成了工業化設計，建立了年產1000噸氨的生產裝置，用氨氧化法可生產3000噸硝酸，利用這些硝酸可製造3500噸烈性炸藥TNT。這項工作已在大戰前的1913年便完成了。這就揭開了第一次世界大戰中的一個謎。

化學 1 + 1

研究火藥的意外所得

一天，法國化學家庫爾特瓦，正在他的實驗室裡將剛從淺灘採集回來的海草燒成灰，把灰泡在水裡，再用這些泡灰的水來提取硝石。

當時，法國總統拿破崙發動了一場規模巨大的戰爭，需要大量的黑火藥用於戰場。黑火藥的主要成分是硫酸、炭灰和硝石，而硝石是製造黑火藥的重要成分。

庫爾特瓦的實驗正在有序進行的時候，自家的小貓

將盛有濃硫酸的瓶子打翻了，頓時，濃硫酸沿著桌子流到了盛有海草灰水的盆裡。眼看自己的勞動成果在頃刻間化為烏有。正當庫爾特瓦無可奈何的時候，奇怪的事情發生了：浸過海草灰的溶液和濃硫酸混合後，竟然升起了一縷縷紫色的煙霧，並散發出一種難聞的氣味。而這種蒸氣凝結後並沒有變成水珠，而是成了像鹽粒一樣的晶體，並且還閃爍著紫黑色的光彩。

　　後來發現，這紫色的結晶體，的確是一種新的元素。1814年，人們將這種元素定為「碘」。

貝爾的「炸藥情節」

　　有人稱，諾貝爾是炸不死的人，也有人說他是不惜炸死的人。諾貝爾為了研製炸藥，不顧生命危險，也曾多次死裡逃生。

　　諾貝爾受化學家古寧博士和藥學家特拉博士的委託，利用硝化甘油研究新型火藥。從此，諾貝爾就埋頭研究起硝化甘油了。有一天，諾貝爾收到父親的一封信，信中這樣寫道：「我在黑色火藥中摻進了硝化甘油，取得了成績，但並沒達到預期效果。」

　　諾貝爾受到了啟發，他改進了引爆裝置，他把裝有硝化甘油的小玻璃管插進盛黑色火藥的容器中，點燃導火線，「轟」的一聲巨響，試驗成功了。但不久，世界傳來各種爆炸的慘劇，許多國家發出了禁止使用硝化甘油炸藥的命令。於是諾貝爾開始研製安全的硝化甘油炸

藥。

在一次試驗中，一大罈硝化甘油在搬運時破裂了，這只罈子是放在木箱裡的，木箱和罈子之間塞滿了泥土，以防止罈子滑動。罈子一破裂，硝化甘油就滲到泥土中去了。諾貝爾抓了一把含有硝化甘油的泥土做實驗，結果發現這種泥土在引爆後能夠猛烈爆炸；可是，不引爆，它卻很安全，不像硝化甘油那樣稍受震動便會爆炸。

諾貝爾經過各種試驗發現硝化甘油和矽藻土合為一體，成為一種黏土狀，更便於運輸，既安全又不減弱爆炸威力。諾貝爾叫它「達納炸藥」，這在希臘語中是力量的意思。

「達納炸藥」的主要原料硝化甘油的爆炸力不能增加，矽藻土不能燃燒。要想製作出威力更大的炸藥，就必須找出爆炸力更大的東西來代替矽藻土。

一天，諾貝爾的手被試管劃破，他貼了塊硝棉膠的創傷膏，晚上，他躺在床上，傷口格外疼痛，心想一定是什麼東西滲過硝棉膠在刺激傷口。原來硝棉膠的主要成分是硝化纖維，具有爆炸性質。他靈機一動，連夜跑到實驗室，研製出新型膠狀炸藥。1880年，諾貝爾研製出無煙炸藥。

火藥：中國四大發明之一

火藥是中國漢族煉丹家發明於隋唐時期，距今已有一千多年了。火藥的研究開始於古代道家煉丹術，古人為求長生不老而煉製丹藥，煉丹術的目的和動機都是荒謬和可笑的，但它的實驗方法還是有可取之處，最後導致了火藥的發明。

後來，火藥引起了軍事家濃厚的興趣，他們進行了深入的研究，將硝石、硫黃和木炭按一定比例，製成了世界上最早的火藥。於是火藥就成為中國古代的四大發明之一。

恩格斯高度評價了中國在火藥發明中的首創作用：「現在已經毫無疑義地證實了，火藥是從中國經過印度傳給阿拉伯人，又由阿拉伯人和火藥武器一道經過西班牙傳入歐洲。」火藥的發明大大的推進了歷史發展的進程。

防鯊魚的「護身符」

烈日炎炎的夏天，當你縱身跳入淡藍淡藍的游泳池中游泳，你是否知道，這水池中的水就是很稀的硫酸銅溶液，它用來殺滅眾多游泳者身上帶進來的細菌，以維持所有游泳者的健康。然而，或許你不知道，硫酸銅還是一種有效的防鯊藥呢！

要說防鯊藥還得從第二次世界大戰說起，當時戰爭的火焰燒到歐、亞兩大洲，在大西洋、太平洋上的海戰也空前的殘酷。在海戰中敵我雙方都有大批艦隻被對方擊沉，船上倖存的指戰員、士兵紛紛棄艦逃命。但是這些亡命者仍然很難逃出死神的追殺，因為在海洋裡還有很多饑餓的鯊魚在等待著他們。

為了使自己的官兵能夠免遭鯊魚的圍攻、吞滅，美國政府就號召全國有識之士都來研究防鯊的藥品，這得

到了許多科學家們和各界人士紛紛回應，並投入了以藥防鯊的實驗。

當時有一位著名的文學大師名叫海明威，也在自己熟悉的海域裡圈起了一塊海面，做起了以藥防鯊的實驗。他把含有硫酸銅和不含硫酸銅的誘餌互相交錯地放置在海面上，看鯊魚有什麼反應。

兩天後，當他乘船前去檢查這些誘餌時，他驚訝的發現鯊魚已把不含硫酸銅的誘餌吃得精光，而含有硫酸銅的誘餌竟未發生任何變化，海明威高興得跳了起來，他終於用一種簡單的常見的鹽類——硫酸銅就能防鯊魚了。不久，士兵們很快都配備起用這種硫酸銅製成的「護身符」，來防鯊魚。

催吐高手

在醫學上，硫酸銅還用來做催吐劑。它算是催吐的高手，當你吃了什麼髒東西或誤服了什麼毒物的時候，醫生常用硫酸銅催吐。

價值連城的「啤酒」

第二次世界大戰期間，重水扮演著重要的角色，成了各國爭奪的一種重要的戰略物資，關於重水曾發生了許多有趣的故事，下面先讓大家一睹為快。

1940年秋天，德國法西斯入侵挪威，並佔領了里尤坎鎮的一家電化學工廠。他們利用這一工廠，大量生產重水，然後運往柏林，供德國研製原子彈。

英國政府從挪威的地下抵抗組織那裡獲得了這一情報後，立即組織了一支名為「燕子」的突擊隊，不惜一切代價，終於炸毀了這座工廠，失去了重水的德國，直到投降時，也未能生產出原子彈。

差不多也在這個時候，大物理學家玻爾從德國佔領的丹麥前往英國，他的行裝僅是一瓶普通的綠色啤酒，但玻爾卻像愛護自己的眼睛一樣，保護著這瓶啤酒，原

來裡面裝的是價值連城的重水。

不料，到了英國後，玻爾卻發現瓶中裝的竟是真正的丹麥啤酒，而盛重水的瓶卻誤留在丹麥家中的冰箱裡了。

這可把玻爾急壞了，後來在丹麥地下抵抗組織的協助下，費盡了周折，玻爾終於拿到了重水。他高興地立即打開那個被當作重水的啤酒瓶，一飲而盡，以示祝賀。

化學 1 + 1

比金子都貴的重水

重水雖然在尖端技術上是寶貴的資源，但對人卻是有害的。人是不能飲用重水的，微生物、魚類在純重水或含重水較多(超過80%)的水中，只要數小時就會死亡。相反，含重水特別少的輕水，如雪水，卻能刺激生物生長。

另外，為了得到一公斤重水就要消耗掉6萬度電和一百噸水，這比沙裡淘金花的代價要大得多，因而重水的價格要比金子貴。

大自然中的重水非常少，而超重水就更加少了，在寬廣無際的大海裡，連十億分之一也找不到，只有靠人工的方法去製造。

一般是把金屬鋰放在原子反應堆中,在中子的轟擊下,使鋰轉變為氚,然後與氧化合生成超重水。製造一公斤超重水要消耗近十噸的原子能量,而且生產很慢,一個工廠一年也不過製造幾十公斤超重水,所以超重水的價格比重水還要貴上萬倍,比金子要貴幾十萬倍。

戰 場上的「眼睛」

　　美國影片《諾曼第大空降》裡有這樣一個場景：美軍在巴斯通作戰時，環境惡劣，加上糧食，醫藥，彈藥的耗盡，戰士們陷入了絕境，正當戰士們覺得絕望的時候，幾顆信號彈給他們帶來了福音，原來那是援助物資的信號彈。

　　在戰場上，各種顏色的信號彈，成為指揮軍事行動的信號。除此之外，在浪濤洶湧的海洋上，紅色信號彈是求救的信號。在大沙漠裡，迷路的人們發射信號彈來問路、求救。這些信號彈利用的是什麼原理呢？其實這些信號彈裡裝的是普通的化學藥品——金屬鹽類。

　　原來，許多金屬鹽類在高溫下能夠射出各種彩色的光芒。例如，硝酸鈉與碳酸氫鈉會發出黃光，硝酸鎂發出紅光，硝酸鋇發出綠光，碳酸銅、硫酸銅發出藍光，

鋁粉、鋁鎂合金會發出白光，等等這種現象。

讓你一把鼻涕一把淚的催淚瓦斯

催淚瓦斯顧名思義就是會讓我們一把鼻涕一把眼淚，他們會對眼睛、鼻子、呼吸道以及皮膚等造成強烈的刺激。催淚瓦斯裡面最常出現的成分為苯氯乙酮，縮寫為CN。

催淚彈中裝有鎂鋁、硝酸鈉和硝酸鋇等物質。引爆後，鎂在空氣中迅速燃燒，放出含紫外線的耀眼白光，同時放出熱量使硝酸鹽分解，氧又進一步促進鎂、鋁燃燒。催淚彈中裝有易揮發的液臭，它能刺激人的敏感部位——眼鼻等器官黏膜，催人淚下。

有時還裝有毒劑——西埃斯，它會引起大量流淚、劇烈咳嗽、噴嚏不止，令人難以忍受，嚴重可導致死亡。

以 柔克剛——棉花也能炸碉堡

軟的棉花在生活中經常用到,棉被裡有棉花,棉襖裡也有棉花。然而,在我們眼裡柔軟溫順的棉花卻有著無與倫比的威力,你知道這是什麼威力嗎?

棉花可以用來做炸藥。棉花(或棉子絨)與濃硝酸和濃硫酸的混合酸發生作用後,就成了俗名為火棉的炸藥。其原因是硝酸就像是個氧的倉庫,能提供大量的氧,足以使棉花劇烈地燃燒。

火棉燃燒時,有大量的熱放出來,生成大量的氣體——氮氣、一氧化碳、二氧化碳與水蒸氣。據測定,火棉在爆炸時,體積竟會突然增大47倍!火棉的燃燒速度更是讓人大吃一驚,它能夠在幾萬分之一秒內完全燃燒。如果炮彈裡的炸藥全是火棉的話,那麼,在發射的

一剎那，炮彈會在炮筒裡爆炸，會把大炮炸得粉身碎骨，而不是像離弦之箭似的從炮口飛向敵人的陣地。因此，為了降低它的爆炸速度，在火棉裡還要加進一些沒有爆炸性的東西。

無色無味的氧氣在極低的溫度、很高的壓力下，會凝結成淺藍色的液態氧氣。把棉花浸在液態氧氣裡，就成為一種液氧炸藥。一旦用雷管起爆，爆炸起來，威力十分強大。

棉花價格很低，液體氧不太貴，因此，液氧炸藥的成本較低廉。所以，便宜的液氧炸藥與火棉經常被大量地使用於開礦、挖渠、修水庫、築隧道。

火棉的製作

操作步驟：

1. 在燒杯裡加入10mL濃硝酸（密度1.40g/cm3），再在攪拌下緩緩加入20mL濃硫酸（密度1.84g/cm3）。混勻後蓋上表面皿放在通風櫥裡冷卻到室溫。

2. 取1g左右脫脂棉（藥棉），浸入上述混合酸液中，攪動半分鐘，在20～30℃溫度下反應15～20分鐘。

3. 用玻棒把酯化後的火棉移入大燒杯或水槽中，用

水反覆清洗以除去酸液，直到洗液不顯酸性為止。取出火棉後擠乾、撕開、用吸水紙盡可能吸除水分，再移入乾燥器裡乾燥。如果要快些乾燥，可以把擠乾後的火棉浸入95％的乙醇中洗滌片刻，再取出、擠乾、撕開、晾乾。

> 說明：

1. 所用的棉花必須經過脫脂，選用藥棉比較方便。如果沒有藥棉，把普通棉花浸在80～90℃含10％氫氧化鈉、5％碳酸鈉的溶液裡脫脂，20分鐘後洗淨擠乾，最後撕開、晾乾即可。

2. 火棉外表與棉花相似，它遇火迅速起燃（在密閉容器中發生爆炸）。所以火棉不能接觸熱源和火種。製作火棉的量不宜多，以免發生爆炸事故。

3. 儲存少量火棉，可用95％的乙醇溶液濕潤後封裝在塑膠瓶裡。

飛機都厲害的「怪鳥」

鋁合金比鋼鐵還輕，但卻像鋼鐵一樣堅固。一戰期間，德國有些飛機和飛艇就是用鋁合金製造的，關於這還有一段有趣的事情。

一戰期間，法國前線的一位戰士在休戰的空檔曬太陽，突然，他大聲地驚呼起來：「快看，那是什麼怪鳥？」原來，像一條大肚子魚一樣的東西，正在高空中向法軍陣地慢慢飄來。

「快躲起來，那是飛艇，德國人的飛艇！」一位對武器很有研究的技師驚慌地喊著。他的話音剛落，那飛艇就投下了一顆又一顆炸彈。法國軍官見狀立即下令炮兵向飛艇開炮。隨著一陣猛烈的炮火，那飛艇像一隻斷了翅膀的飛鳥，「咚」的一聲栽了下來。

「這飛艇是用什麼材料製造的？這麼厲害，我們要

好好研究研究。」法國軍官拉著技師，走到了飛艇旁邊。

技師便把飛艇的殘骸收集起來送到軍事研究部門進行專門研究。後來，法國的專家終於弄明白，這飛艇竟然使用了德國科學家比卡爾·維爾姆剛剛發明的鋁合金，所以飛艇才飛得那麼高、飛得那麼輕盈！

鋁對光的反射性能良好，反射紫外線比銀還強，鋁越純，它的反射能力越好，因此常用真空鍍鋁膜的方法來製作高品質的反射鏡。真空鍍鋁膜和多晶矽薄膜結合，就成為便宜輕巧的太陽能電池材料。鋁粉能保持銀白色的光澤，常用來製作塗料，俗稱銀粉。

純鋁的導電性很好，僅次於銀、銅，在電力工業上它可以代替部分銅作導線和電纜。鋁是熱的良導體，在工業上可用鋁製造各種熱交換器、散熱材料和鍋具等。

鋁有良好的延展性，能夠抽成細絲，軋製成各種鋁製品，還可製成薄於0.01mm的鋁箔，廣泛地用於包裝香菸、糖果等。

鋁合金具有某些比純鋁更優良的性能，進而大大拓寬了鋁的應用範圍。例如，純鋁較軟，當鋁中加入一定量的銅、鎂、錳等金屬，強度可以大大提高，幾乎相當於鋼材，且密度較小，不易腐蝕，廣泛用於飛機、汽車、火車、船舶、人造衛星、火箭的製造。當溫度降到-196℃時，有的鋼脆如玻璃，而有些鋁合金的強度和

韌性反而有所提高，所以是便宜而輕巧的低溫材料，可用來貯存火箭燃料：液氧和液氫。

比金子還貴的帽子

法國拿破崙三世是一位愛慕虛榮的皇帝，為了顯示自己的闊綽富有，於是他命令一位大臣去做一頂比黃金還貴重的帽子。

這位大臣左思右想，就是不明白究竟世界上還有什麼能比黃金還貴重的。後來，實在沒辦法，這位大臣就去問拿破崙三世的心腹，原來在拿破崙三世眼中，鋁比金子更值錢。於是，這位大臣費了好大心思為皇帝製造了一頂鋁王冠。拿破崙三世非常高興，每次接受百官朝拜就會得意地戴上它。

更有趣的是，拿破崙三世在舉行盛大宴會時，規定只有王室的人才能使用鋁製的餐具，其他的人只能用金製的或銀製的餐具。

我們也許覺得這很可笑，但當時，鋁真的比黃金還貴重，生產技術不發達，為了製取鋁這種金屬，必須要用鈉做還原劑，因此製造鋁的成本比黃金要高出好幾倍。

 馴服閃電的希臘人

　　在西元673年，阿拉伯艦隊氣勢洶洶地開往拜占庭的首都君士坦丁堡，揚言要一舉征服希臘人。

　　阿拉伯艦隊強悍善戰，威鎮海疆，一向都是旗開得勝，所向披靡。然而，這次卻被希臘人的幾艘小木船殺得一敗塗地，整個艦隊在達達尼爾海峽覆滅了。

　　幾個幸運地抓了塊木板游回去的阿拉伯水手，驚魂未定地向人們說：「不得了，希臘人太厲害啦！希臘人『馴服了閃電』，叫閃電來燒艦隊。那『魔火』不光會把船艦燒著，甚至連水也燒起來了。」

　　這「魔火」究竟是怎麼回事呢？一直是個「軍事祕密」。過了很久很久以後，人們才知道這「魔火」只不過是一種生石灰與石油的混合物罷了。

生石灰的化學成分是氧化鈣，它能劇烈地與水化合變成熟石灰——氫氧化鈣，同時放出大量的熱，泥水匠管這場反應叫做「熟化」。當把生石灰與石油的混合物撒到海面上時：

第一，生石灰與水化合，大量放熱，溫度猛升。

第二，石油易燃，而且比水輕，浮在水面。這樣，一燒起來火勢熊熊。乍看之下，真的連水也著火了似的。

生物成油理論

根據研究顯示，石油的生成至少需要200萬年的時間，在現今已發現的油藏中，時間最老的達5億年之久。在地球不斷演化的漫長歷史過程中，有一些「特殊」時期，如古生代和中生代，大量的植物和動物死亡後，構成其身體的有機物質不斷分解，與泥沙或碳酸質沉澱物等物質混合組成沉積層。

由於沉積物不斷地堆積加厚，導致溫度和壓力上升，隨著這種過程的不斷進行，沉積層變為沉積岩，進而形成沉積盆地，這就為石油的生成提供了基本的地質環境。

大多數地質學家認為石油像煤和天然氣一樣，是古

代有機物經過漫長的壓縮和加熱後逐漸形成的。按照這個理論石油是由史前的海洋動物和藻類屍體變化形成的。（陸上的植物則一般形成煤。）經過漫長的地質年代這些有機物與淤泥混合，被埋在厚厚的沉積岩下。

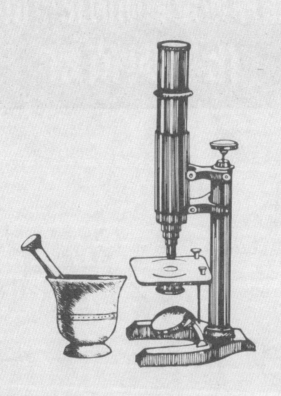

6

比福爾摩斯還聰明的化學偵探：
化學與偵察

貨員智擒盜賊

　　一家珠寶店來了兩位老顧客，老闆急忙迎了上去，並帶兩位顧客去看剛進的一顆價值不菲的鑽石。

　　兩位顧客見了，連聲發出嘖嘖的讚歎。後來，老闆又把他們請到客廳裡喝茶聊天，自己才小心翼翼地用糨糊在木盒上貼上封條。

　　在客廳裡，他們愉快地高談闊論，非常投入。期間，一位顧客借上廁所之機，拿走了那顆鑽石。當傭人將鑽石被盜的消息告訴老闆後，老闆令傭人悄悄地去報警。

　　十五分鐘後，員警到了，看了看珠寶箱，又看了看兩位顧客，便對其中一位說：「你涉嫌盜竊，跟我們走一趟。」只見這位顧客低著頭說：「我坦白，鑽石是我

偷的。」

原來，這位顧客手指有傷，並塗了碘酒，而封條是剛用糨糊黏的，裡面含有澱粉。碘酒與澱粉接觸就會發生化學反應，生成一種藍色物質。員警就是靠小偷手上的藍色斑點來破案的。

具體來說，澱粉屬於多糖類，它遇到碘元素的時候，會發生反應，生成的物質呈藍色。其反應的本質是生成了一種包合物（碘分子被包在了澱粉分子的螺旋結構中了），這種新的物質改變了吸收光的性能而變了色。

鐵釘遇到碘和水

當你倒了相同體積的碘酒在塑膠膜子的兩個窩窩裡，並加滿水。「深黃色！」小米回答道。

「你向其中一個窩窩裡面加幾根新的小鐵釘看看。」曉曉繼續說。

小米從家裡的工具箱裡取了幾根小鐵釘，曉曉用砂紙擦了幾下後，就放進左邊的窩窩裡。

「左邊放鐵釘的顏色變淺了啊！鐵釘與碘水的反應是什麼原理呢？」小米指著左邊的溶液說。

「是氧化還原的原理。鐵釘在下雨天非常容易生

鏽，就是氧氣的氧化作用引起的。但這個實驗和氧氣沒有關係，這裡碘的作用類似於氧氣。碘氧化了鐵釘，鐵釘還原了碘。碘水顏色變得越淺，說明被鐵釘還原得越充分。」曉曉解釋道。小米這才明白了其中的道理。

屬鉛污染之——咖啡杯事故

1981年2月報導了美國西雅圖出現的一起家庭鉛污染事故。一個兩口之家中，妻子突然出現典型的鉛中毒腹絞痛，開始卻因沒有鉛的接觸史而被誤診；丈夫為此查閱了大量資料後，要求作血、尿的鉛檢測才得到確診。

丈夫追憶3年前自己也曾出現腹瀉、腹痛、易激動、體重減輕等鉛中毒症狀，也要求作尿鉛、血鉛檢測，同樣獲得了確診。

然後，他們試圖找出中毒的原因。首先考慮的是自來水管，但那是鍍鋅的；夫人是畫家，顏料含鉛，但丈夫從不接觸。當種種因素被排除後，他們想起塗釉咖啡杯。

經測定，在放入熱咖啡時，含鉛量達8mg/100mL。

平時，夫婦倆用這樣的杯每天飲8次，進入體內的鉛要比美國食品藥物管理局規定的標準高出400倍。鉛的慢性中毒就不言而喻了。

長期接觸鉛及其化合物會導致心悸，易激動，紅血球增多。鉛侵犯神經系統後，會出現失眠、多夢、記憶減退、疲乏，等症狀，進而發展為狂躁、失明、神志模糊、昏迷，最後因腦血管缺氧而死亡。鉛常被人們稱作「隱匿殺手」。

古羅馬帝國為何神祕消失

有學者指出古羅馬帝國衰亡於鉛中毒，後來考古學家發掘古羅馬人的墓穴時，發現他們的遺骨中含有大量的鉛。

在古羅馬時代，由於鉛很軟，易加工，所以鉛製品作為一種高貴和富有的標誌，深受人們寵愛。古羅馬貴族們普遍使用鉛制器皿、餐具和含鉛化妝品，還特別喜歡喝含鉛的葡萄汁。

當時，他們在製作琥珀般的葡萄汁時，總把葡萄放在鉛鍋或內壁鑲有鉛的鍋中熬煮，熬煮的時間還特別長，直到汁水只剩原來的三分之一才停火。這種葡萄汁

特別香甜且不易腐敗,但含鉛量嚴重超標。

　　這些含鉛物品的大量使用,使許多人因鉛中毒而死亡。同時,古羅馬帝國所擁有的以鉛製水管為基礎而建成的給排水系統,則使平民也未能逃脫鉛中毒的厄運。然而這一切,古羅馬的人們卻一無所知。

被 冤枉成兇手的「蝙蝠」

 993年6月12日在密歇根州公園發生了一件重大
事件。一個廢氣的公園的管理站被炸毀了。

起初，警方的調查人員找不到爆炸的原因。管理站
中有個丙烷火爐，調查人員懷疑是此爐引起的爆炸，但
這個火爐早就被拆了，而且已經沒有任何危險性。

這就難倒了調查人員，然而，就在此時，一個警官
注意到建築內的地面有大量的黑色黏稠物，並且他還觀
察到，這個黏稠物是從閣樓上落下來的，難道是閣樓上
有問題？他決定進行調查，於是他跑上了閣樓。

當他打開閣樓的門，他看到了成百上千隻蝙蝠，這
可把他嚇到了。原來，這個閣樓都是蝙蝠，顯然，閣樓
已經成了蝙蝠的家了。頓時間，警官意識到，那黏稠物
一定是蝙蝠的排泄物。

　　這個警官知道包括蝙蝠糞在內的有機廢物，能夠產生一種易燃氣體，但他不確定這個易燃氣體是什麼。後來，他去圖書館查閱書籍，瞭解到糞便中含有一種可將未被消化的多種有機分子轉為甲烷的細菌。甲烷可燃，並且在一定的條件下會爆炸。

　　此時，一位動物學家說，蝙蝠糞確實有可能產生甲烷，他還說，甲烷氣體比空氣重，因此很可能在地下室沉積，最後消防局長下結論說：「爆炸很可能是由地下室仍在運轉的排水泵的火花點燃了甲烷後引起的。然後這個結論讓很多人產生懷疑。

　　顯然，調查人員應該諮詢化學家，而不是動物學家，這樣他們就會知道，甲烷比空氣輕，而不是重。所以不會下沉。

　　如果諮詢微生物學家，他們還會發現，從廢棄物中製造甲烷的細菌只能在沒有空氣的條件下生存，由於種種推論，顯然蝙蝠被冤枉了。

　　後來經過人們的調查，其爆炸的原因是糞便，但不是蝙蝠的，而是人的糞便。原來該建築的廁所與一個化糞池相連，管道使用了U形管，並且裡面裝滿水，因此阻止氣體倒回廁所的馬桶。

　　由於化糞池有大量的甲烷氣體，所以U形管裡裝水是重要的安全措施。自管理站廢棄後，管道裡的水也蒸

發了，所以甲烷就倒回地下室。

　　正如原來的調查人員所說，很可能是排水泵的火花引發了爆炸。然後蝙蝠確實被冤枉了。

噴火的老牛

　　在荷蘭，有一個小山村，在這裡曾經發生過這樣一件怪事。一個獸醫正在給一頭老牛治病，這頭老牛一會兒抬頭，一會兒低下頭，蹄子也不斷地打著地，好像熱鍋上的螞蟻坐臥不安。

　　最近，牠總是沒有食欲，吃不下飼料，然而奇怪的是肚子卻圓鼓鼓。手指一敲還「咚咚」的響。獸醫診斷為：這牛腸胃脹氣。他為了檢查牛胃裡的氣體是否透過嘴排出來。使用探針插進牛的咽喉，當他在牛的嘴巴前打著打火機準備觀察時，他萬萬沒有想到牛胃裡產生的氣體熊熊地燃燒了起來，並從牛嘴裡噴出長長的火舌。

　　此時，獸醫看罷大吃一驚，趕快後退幾步，牛見到了火也受驚了，頓時間掙斷了韁繩，在牛棚裡東竄西跳，不一會，牛棚就著火了，引起一場大火。

　　最後，整個牛棚和牧草都化為一片灰燼。這時，人們很納悶，這頭牛為什麼會噴火呢？後來，經有關人員

的研究分析得出結論：牛噴出的氣體是甲烷。

　　把有機廢物像人、畜的糞便，麥稈、莖葉、雜草、樹葉等特別是含纖維素的物質作為原料，在沼氣池內發酵，由於微生物的作用，就會產生了甲烷。

　　我們明白甲烷產生的條件，就很容易弄清那頭牛為什麼會噴火了。牛吃的飼料是牧草，其主要成分為纖維素。由於牛患病，消化功能衰弱，在胃裡進行異常發酵，產生了大量的甲烷引起了腸胃脹氣。當獸醫插入探針後，就像一根導管一樣，把氣體引了出來。甲烷易燃，所以遇火即燃，引起了這場大火。

垢禍害了鍋爐

$\quad$有一個工廠，專門為居民供暖。但有一次一個用了兩年的鍋爐突然發生爆炸，幸好當時周圍沒有工人在場，無人傷亡。

$\quad$但鍋爐為什麼會突然爆炸呢？沒人違規操作，鍋爐使用得也不是太久。後來，調查發現，鍋爐爆炸的原因是沒有及時清洗裡面的水垢。

$\quad$一般來說，天然的水中都是含有一些雜質，在水燒熱後，水中的雜質就沉澱下來。時間長了，這種沉澱越積越多，形成了厚厚的水垢。

$\quad$水垢的導熱能力極差，當「水垢」積到一定程度時，又會剝落下來，這樣，鍋爐中有的有「水垢」有的沒有「水垢」，受熱程度相差太大，隨著溫度的升高，鍋爐中散熱不好的部分迅速膨脹，最後引起了鍋爐的爆

炸。簡單地說，由於「水垢」，鍋爐受熱不均，所以鍋爐發生了爆炸。

　　水中若含有鈣離子（Ca^{2+}）、鎂離子（Mg^{2+}）、鐵離子（Fe^{3+}）或錳離子（Mn^{2+}），則稱為「硬水」，硬水在某些場合中是十分有害的，因為水中的鈣離子和鎂離子等，是水流經石灰石、白雲石時與溶於水中的二氧化碳發生作用，生成了可溶性的酸式碳酸鹽而存留在水中的，反應方程式為：$CaCO_3+CO_2+H_2O = Ca(HCO_3)2$。

　　而這些可溶性的酸式碳酸鹽在加熱時會發生沉澱反應：$Ca(HCO_3)2 = CaCO_3\downarrow +CO_2\uparrow +H_2O$。

　　因此，工業鍋爐用水絕不能用硬水，因為在加熱過程中生成的沉澱物$CaCO_3$會形成水垢，輕者使傳熱性變差，降低效率，重者使傳熱管加熱不勻產生裂縫，以致發生事故。因此，鍋爐用水必須經過處理以除去鈣、鎂等離子。

熱水瓶內壁的沉澱物

　　水壺與熱水瓶使用一段時間後，我們經常會看到其內壁就會結滿一層白色的水鹼，除大部分為碳酸鈣、碳酸鎂外，還含有多種有害的汞、鎘、鉛、砷等元素，如不經常及時清除，反覆用來煮開水、裝水後，有害元素累積越來越多，並能再次溶於水中，當人們飲用後就進入人體，進而引起人體慢性中毒甚至可致癌和致畸，嚴重危害人體健康。飲用高硬水易使人患暫時性胃腸不適、腹脹、瀉肚、排氣多，甚至引起腎結石等疾病。

　　我們可以在熱水瓶裡倒入一些食醋或啤酒後，旋轉著搖晃洗涮瓶膽，即可溶去附著在瓶膽上的水鹼，再用清水沖洗幾次就光亮如新。

　　另外，取一些茶葉放入熱水瓶中，倒進開水浸泡，晃動洗涮瓶膽，水鹼即可除去。

手竟然是「一場雨」

　　場雨害死了一魚塘的魚，聽到這個消息你一定不會相信，但確有此事。事實上此雨並非彼雨，這種雨叫酸雨，它才是造成魚死的罪魁禍首。

　　胡兵靠養魚為生，他的妻子在小鎮上的紡織廠上班，兒子剛上國中。一家三口過著快樂幸福安靜的日子。但一場大雨卻澆滅了他們安寧快樂的生活。

　　那天，大雨下了整整一個晚上，胡兵一早便去養魚塘捕撈準備上市的2000000斤魚。到了池塘邊，胡兵傻眼了，只見水面上白花花的一片，一夜之間，魚幾乎全死光了。這可是唯一的經濟來源啊，以後可怎麼辦？為了討回公道，胡兵請了一位地質專家，要找到是哪家工廠排汙超標，把魚塘給污染了。

　　化驗結果出來後，更讓胡兵大吃一驚，不是工廠污

染的，而是剛降的大雨帶來的污染。原來這場雨就是所謂的「酸雨」。

那麼何謂「酸雨」呢？酸雨是指pH值低於5.6的雨、霧或其他形式的大氣降水。pH值是表示液體酸、鹼程度的標誌，pH值越低，表示酸性越強。

它主要是人類燃燒大量的煤炭、石油等，產生有害的SO_2氣體，SO_2在遇到閃電時會被氧化生成SO_3，SO_3溶於水後生成H_2SO_4，進而呈現酸性。酸雨對人類和環境有很大危害。酸雨能破壞森林生態系統，使林木生長緩慢，嚴重的可導致森林大面積死亡。

酸雨進入河湖會導致河湖水酸化，魚卵因此不能孵化，水生生物生長受到抑制，嚴重時會全面破壞水生生態系統，使河湖失去生機而變成「死河」、「死湖」。

酸雨滲入地下會破壞土壤結構，加速土壤中養分的流失，導致土壤肥力下降，進而影響農業生產。最令人擔憂的是，酸雨對人體健康也有著極大的危害。

洞穿珍貴彩色玻璃

在歐洲，鑲有中世紀古老彩色玻璃的教堂等建築超過10萬棟。這些彩色玻璃彌足珍貴，在第二次世界大戰中曾卸下來疏散開，多數安然無恙。可是卻和其他古建築一樣，無法躲過酸雨的侵襲。這些彩色玻璃逐漸失去神祕的光澤，變褐，有的甚至完全褪色。仔細觀察玻璃表面，有無數細小的洞。

酸雨在小洞中繼續和鉀、鈉、鈣發生反應(鈣是中世紀生產的玻璃中才有的)。例如和鈣發生化學反應後生成石膏。酸雨從內部損害了玻璃。

影無蹤的殺手

沐浴在晨光中的山村，從睡夢中醒來了。舉目望去，成群的牛羊之綠茵茵的山坡上奔跑、嬉戲。按著映入眼簾的便是咯咯覓食的雞群，呱呱追逐的鴨子……忽然，陣陣歡聲笑語傳來，循聲望去，原來是姑娘們在湖邊梳洗打扮，碧綠的湖水，山色掩映，還蕩漾著村童嬉水玩耍的身影……

然而今天，山村的生機蕩滌殆盡，就連晨光也好像失去光澤，展現在人們眼前的竟是滿目的死屍、斃命的牛羊。生靈在此已經不存在了，這種場景讓人看了觸目驚心。這便是電視臺播放的尼斯湖慘案一組鏡頭的寫實。對此人們不禁要問，作惡多端的兇手是誰呢？

法網難逃，兇手終於「捉拿歸案了」。但出於意料的是，兇手竟是人們非常熟知的二氧化碳氣體。更令人

不理解的是，二氧化碳為何如此猖狂？又為何以致人畜於死地？

經科學家們研究發現，微妙的化學平衡使湖的水分成了奇特的若干層，而且最深層的水又含有極其豐富的碳酸鹽。然而這樣的化學平衡並不是穩定的，在外界環境的影響下，尤其是在地殼活動頻繁之際，分層的湖水便會受到擾亂，富有碳酸鹽的深層水就會隨之上升，並且在壓力和溫度驟然變化下迅速地分解。因此，整個湖泊也就成了一個被猛然開啟的巨大汽水瓶。

雖然二氧化碳本身並沒有毒，但空氣中含有超過0.2％便會對人體有害，超過1％以上即會使人畜窒息而亡。因而二氧化碳大量釋放下沉，災難也就不可避免了。

揭開「屠狗怪」的嘴臉

在義大利某地有個奇怪的山洞，人走進這個山洞安然無恙，而狗走進洞裡就一命嗚呼，因此，當地居民就稱之為「屠狗洞」，有的人還說洞裡有一種叫做「屠狗」的妖怪。

為了揭開「屠狗洞」的祕密，一位名叫波爾曼的科學家來到這個山洞裡進行實地考察。他在山洞裡四處尋

找，始終沒有找到什麼「屠狗妖」，只見岩洞倒懸許多的鐘乳石，地上叢生著石筍，並且有很多從潮濕的地上冒出來。

波爾曼透過這些現象經過科學的推理終於揭開了其中的奧祕。原來，這是個由大量鐘乳石和石筍構成的岩洞，石灰岩岩洞。

這裡，長年累月地進行著一系列的化學反應：石灰岩的主要成分是碳酸鈣，它在地下深處受熱分解而產生二氧化碳氣體。因為二氧化碳比空氣重，於是就聚集在地面附近，形成一定高度的二氧化碳層。當人進入洞裡，二氧化碳層只能淹沒到膝蓋，有少量的二氧化碳擴散，人只有輕微的不適感覺，然而處在低處的狗，卻完全淹沒在二氧化碳層中，因缺乏氧氣而窒息死亡，這就是屠狗洞屠狗而不傷人的道理。

迷霧中出現了神祕「殺手」

1952年12月5日到8日英國倫敦被濃濃的煙霧籠罩，這個有名的「霧都」，再次出現了歷史上少見的雲纏霧繞的「鬼天氣」。然而，就是這個「煙霧」要了很多人的命。

當時，英國正準備舉辦一場大型交易會。在動物交易市場上，一群正準備用於交易的驢竟然吐著鮮紅的舌頭，不斷喘著粗氣，還有的驢莫名其妙地倒地而亡。更讓人驚恐不安的是，醫院裡的病人突然成倍增加，許多人胸悶、噁心、頭暈，大街上不時響起令人心悸的警報聲。

在短短四天中，有4000多人死亡，另外還有很多人得了心臟病、支氣管炎、肺炎和其他呼吸道疾病，整個倫敦陷入一片恐怖之中。英國當局立即組織有關專家進

6 比福爾摩斯還聰明的化學偵探：

化學與偵察

行題調查，追查這個十惡不赦的「兇手」。

後來，人們才找出答案來。當時倫敦是個工業城市，許多工廠的大煙囪和千家萬戶的小煙囪，不斷地向天空噴吐出大量的黑煙，使濃霧越積越厚，司機在白天行駛也必須打亮車燈，12月的那場大霧是真正的「元兇」，那是一場罕見的「硫酸霧」，這些煙霧被人吸進體內就會刺激氣管、肺等器官，甚至導致死亡。

「迷霧」追蹤

事實上，「硫酸霧」的形成跟人類有著密切的關係，人類不斷向環境排放污染物質，但由於大氣、水、土壤等的擴散、稀釋、氧化還原、生物降解等的作用，污染物質的濃度和毒性會自然降低，這種現象叫做環境自淨。

但是如果排放的物質超過了環境的自淨能力，環境品質就發生不良變化，危害人類健康和生存，這就是發生了環境污染。而硫酸霧的形成就是排放的物質超過了環境的自淨能力，所以才會導致悲慘的結果。

另外，嚴重的環境污染會導致生態破壞。人類的有些開發活動，儘管不排放污染物質，也可能產生不良的

生態影響，甚至引起生態破壞，如沙漠化、森林破壞、
草場退化等。這種變化也不利於人及其他生物的生存，
並浪費、惡化自然資源，這種潛在的危害也常被稱為環
境污染。

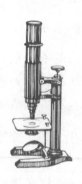

兩白銀離奇失蹤案

康熙年間，吳震方在其編著的《嶺南雜記》一書中記載，西元1684年，某官府銀庫數千兩銀子失蹤，官員們以為是被人盜竊，非常的驚恐，因為這是一個不小的數目，便請來當地最有名的捕快明察暗訪，但都一無所獲。

後來有人在遺失銀子的庫房的牆壁下發現一些發亮的白色蛀粉，便順著蹤跡去挖，結果在牆角下挖出一個白蟻窩，庫官懷疑白銀的遺失很有可能是被這些白蟻所食，於是令人將窩中的白蟻盡數捉獲，並投入爐火中提煉，結果真的從白蟻體內煉出了白花花的銀水。至此，銀庫被盜之謎終於真相大白，原來千兩白銀的盜竊者竟然是白蟻。

而且現代科學已經破解了白蟻食銀的祕密。科學家認為，白蟻食銀是為了降低自身的甲酸濃度。原來，白

蟻口器中會分泌出一種高濃度的蟻酸，白銀遇到蟻酸會發生化學反應，生成粉末狀的蟻酸銀，白蟻便可毫不費力地將粉末狀的蟻酸銀吞入腹內。不過，這些蟻酸銀不會被白蟻消化吸收，而是經過分解之後形成黑色粉末狀金屬，滯留在白蟻體內。這些粉末狀金屬經過高溫達到白銀熔點時，仍可以還原出銀。

白蟻成了挖掘礦物的工具

很早以前，古希臘歷史學家希羅多德曾經說過，利用白蟻可以幫助人們找到金子和其他有益的礦物。現在，這個假說已經被證實。

非洲南部盛產金剛石，但要找到它也並不是件容易的事。1973年，博茨瓦納的朱瓦能大型金剛石礦床被發現，據說白蟻的活動起到了非常大的幫助作用。

有一次，地質人員在野外工作累了，坐下來休息的時候，看到疏鬆的土面上疊築的一堆堆白蟻丘，就無意識地玩起來。忽然，他們看到疏鬆的土粒中閃著亮光，順手撿起來一看，卻是雪白晶瑩的金剛石小顆粒，地質人員喜出望外，然後決定對白蟻丘進行一次普查。後來，發現在200平方公里的範圍內所見到的白蟻丘中有相當多都發現金剛石砂。

神 祕失蹤的化肥，去哪了

「我的幾百斤化肥呢？怎麼不見了！」一位商人焦急的說。這個商人是做時令生意的，水果下來時他就賣水果，農忙時期就賣化肥，冬天就賣蔬菜，總之，是一個靈活的生意人。

有一年夏天，他批發了五千多斤化肥，放在自家的院子裡。半個月後，化肥賣完了，但他結算時卻發現化肥少了300斤，這是怎麼回事呢？

化肥為什麼會神祕「失蹤」？家裡一直有妻子在看管，不會被人偷走，而妻子也不可能拿自己家的東西，賣化肥時，更不會看錯秤，即使錯了，也不會錯那麼多呀！

分析來分析去就是找不到原因。他們只好報警了，最後員警發現，這不是被人偷的，而是化肥自己蒸發了。

事實上，這是一種氮素化肥，叫碳酸氫銨。夏天氣溫太高，加上空氣潮濕，這種化肥就會蒸發到大氣中，所以化肥少了那麼多。碳酸氫銨在20℃常溫下基本不變，若一旦超過30℃，就會分解，生成氣體逃到空氣中。

反應方程式為：

NH_4HCO_3受熱分解為$NH_3 \uparrow + CO_2 \uparrow + H_2O$

碳酸氫銨的「五不施」

碳酸氫銨簡稱碳銨，是目前施用較普遍的肥料品種之一，可謂是化肥家族的佼佼者。然而在使用它的時候，要做到「五不施」即不拌細土不施、有露水不施、下雨不施、田內無寸水不施、烈日當空不施。若施肥時間較充足，最好能把碳銨做成球肥或粒肥深施。

另外，碳銨在運輸、貯存中，要輕裝輕卸、包裝嚴密，貯存在乾燥陰涼處，不能與鹼性肥料以及人糞尿等混合，以免損失有效肥分。

跟著生物學家一起去探祕！從有趣的故事中認識生物知識，
在簡單實驗中，體驗自己揭開謎題的樂趣！

把種子放到醋中，它還會生根發芽嗎？
你知道哪些物質能夠抑制細菌的繁殖？
胃怎麼不會消化自己？
你會用骨頭製作蝴蝶結嗎？

打開這本書，能發現生物背後的有趣祕密，
解答許多存留在你心中問題的謎底！

聰明大百科：化學常識有 GO 讚！

跟著化學小偵探一起出發去！
從有趣的小故事中認識化學知識，
化學不再艱難，它其實超級有趣。

鋰希臘文意為「石頭」，為何取這樣一個名字？
金屬的通性是熱脹冷縮，可是有一種金屬卻與眾不同，
不僅不會熱脹冷縮，反而冷脹熱縮，這是什麼金屬呢？
你知道，氧氣的中文名稱是清朝人命名的嗎？

打開這本書，發現化學背後的有趣祕密，
解答許多存留在你心中問題的謎底！

聰明大百科：物理常識有 GO 讚！

物理再也不是一門枯燥的學問！物理知識就在我們身邊，
只要你認真觀察周圍的世界，就會慢慢喜歡上它。

動一磚一瓦就把房間變大，你能做到嗎？
昏暗的黃昏，一條醒目又詭異的綠光出現在太陽上邊，
不過只出現一下就消失了，那是什麼呢？難道是外星人的飛船？
磁場是不是真的很厲害呢？它究竟是什麼東西呢？

打開這本書，解讀日常現象背後的物理祕密，
解答許多存留在你心中問題的謎底！

永續圖書
線上購物網

www.foreverbooks.com.tw

◆ 加入會員即享活動及會員折扣。

◆ 每月均有優惠活動，期期不同。

◆ 新加入會員三天內訂購書籍不限本數金額，

即贈送精選書籍一本。（依網站標示為主）

專業圖書發行、書局經銷、圖書出版

永續圖書總代理：

五觀藝術出版社、培育文化、棋茵出版社、大拓文化、讀
品文化、雅典文化、知音人文化、手藝家出版社、璞申文
化、智學堂文化、語言鳥文化

活動期內，永續圖書將保留變更或終止該活動之權利及最終決定權。

寶、傳真或是掃描後寄回至「22103新北市汐止區大同路三段194號9樓之1讀品文化收」

讀好書品嚐人生的美味

不用背公式就能知道的趣味化學故事